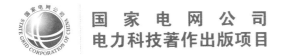

国家电网公司
电力科技著作出版项目

# 气体绝缘金属封闭输电线路（GIL）

国网江苏省电力有限公司电力科学研究院　组编

中国电力出版社
CHINA ELECTRIC POWER PRESS

## 内 容 提 要

气体绝缘金属封闭输电线路（GIL）相较传统输电方式具有诸多优点，适合在某些特殊环境下应用。本书共 7 章，系统地介绍了 GIL 设备的技术要求、结构特点、设计安装技术、异常情况及处理措施、试验与运检技术，希望可以为读者提供有关 GIL 技术的完整认识。

本书可供制造企业产品设计人员和高等院校师生使用，也可为工程设计人员提供参考。

**图书在版编目（CIP）数据**

气体绝缘金属封闭输电线路：GIL/国网江苏省电力有限公司电力科学研究院组编 . 一北京：中国电力出版社，2018.10
　ISBN 978 - 7 - 5198 - 2290 - 3

　Ⅰ.①气…　Ⅱ.①国…　Ⅲ.①气体绝缘材料－金属封闭开关－输电线路－电力工程－工程设计　Ⅳ.①TM726

　中国版本图书馆 CIP 数据核字（2018）第 174712 号

出版发行：中国电力出版社
地　　址：北京市东城区北京站西街 19 号（邮政编码 100005）
网　　址：http：//www.cepp.sgcc.com.cn
责任编辑：刘丽平（010 - 64312342）　陈　丽（010 - 64312348）
责任校对：闫秀英
装帧设计：郝晓燕
责任印制：石　雷

印　　刷：北京博图彩色印刷有限公司
版　　次：2018 年 10 月第一版
印　　次：2018 年 10 月北京第一次印刷
开　　本：710 毫米×1000 毫米　16 开本
印　　张：13.75
字　　数：264 千字
印　　数：0001—2000 册
定　　价：78.00 元

# 编 委 会

# 前　言

　　气体绝缘金属封闭输电线路（gas‐insulated metal‐enclosed transmission line，GIL）是一种采用 $SF_6$、$SF_6/N_2$ 或其他气体绝缘、外壳与导体同轴布置的高电压、大电流、长距离电力传输设备，具有输电容量大、传输损耗小、占地面积少、运行成本低、环境友好、安全性高等显著优点，逐渐成为特殊环境下替代架空线、电缆的首选方案，适合应用于连接 GIS 和架空线、架空线交叉、连接发电厂内变压器与开关设备等重要部位，国内外已有大量工程应用实例。

　　2016 年 8 月，苏通特高压 GIL 综合管廊工程开工建设，计划于 2019 年投运。该工程是华东特高压交流环网合环运行的关键节点，是我国特高压交流输电工程的一项重大举措，也是目前世界上电压等级最高、输送容量最大、技术水平最高、施工难度最大的超长距离 GIL 工程。为此国网江苏省电力有限公司组织技术力量进行了广泛调研，对在运 GIL 设备的设计、建设和运行等情况进行实地考察，尤其是 GIL 设备典型结构、国内在运 GIL 工程运行情况、现有运行维护手段等方面内容，提前为苏通特高压 GIL 综合管廊工程运维进行技术储备。本书就是在该项工作基础上，梳理汇总而成，希望能够给该技术领域专业人员和爱好者提供些许帮助。

　　本书共有 7 章，第 1 章综述了 GIL 的特点及与架空线路、电缆的区别，并简要介绍了 GIL 在国内外的典型应用情况；第 2 章介绍了 GIL 设备的元件、典型单元、典型技术参数及包括密封、绝缘、通流设计等在内的关键设计；第 3 章介绍了 GIL 的设备安装方式、安装工艺与安装工艺，着重介绍了 GIL 隧道安装技术；第 4 章结合相关规程介绍了 GIL 的运检技术，包括 GIL 在线监测技术，GIL 设备巡视和检修方法，创造性地介绍了 GIL 智能巡检机器人的设计理念；第 5 章结合实际运行情况介绍了 GIL 设备的几种典型异常状态或风险，主要包括 GIL 设备异常、隧道风险以及 GIL 的典型缺陷及故障，给出了相应的处理措施；第 6 章结合相关标准与规范对 GIL 的相关试验进行了介绍，包括各类型式试验、出厂试验及现场交接试验，并简介了现有的新型试验技术；第 7 章对 GIL 输电技术的未来研究方向与应用前景进行了展望。

在本书编写过程中，国家电网有限公司 GIS 设备运维检修技术实验室、国网江苏省电力有限公司检修分公司、江苏省送变电有限公司、平高集团有限公司、中国电力工程顾问集团华东电力设计院有限公司、江苏南瑞恒驰电气装备有限公司等机构、单位安排技术人员参加编写组，在此一并表示感谢。

由于时间与水平所限，本书之中尚有不妥之处，恳请读者朋友们指正。

编者

2018 年 8 月

# 目　录

# 1 概 述

2016年7月，淮南—南京—上海1000kV交流特高压输变电工程苏通GIL❶综合管廊工程获国家发改委核准，并于2016年8月开工建设。该工程是华东特高压交流环网合环运行的关键节点，是我国特高压交流输电工程的一项重大举措和创新，也是目前世界上电压等级最高、输送容量最大、技术水平最高的超长距离气体绝缘金属封闭输电线路工程。工程示意如图1-1所示。

（a）

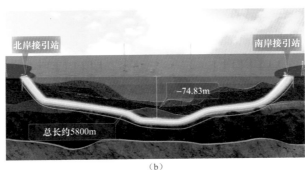

（b）

图1-1 苏通GIL综合管廊工程示意图

（a）鸟瞰图；（b）剖面图

---

❶ GIL——气体绝缘金属封闭输电线路，英文全称为gas-insulated metal-enclosed transmission line。

苏通 GIL 综合管廊工程越江线位于 G15 沈海高速苏通长江大桥上游附近，南北岸各设置一个永久占地的地面接引站。GIL 路线设计总长 5736m，盾构隧道长度 5593m，隧道内径 10.5m、外径 11.6m，考虑纵坡影响，隧道实际长度约5800m，结构最低点标高−74.83m。GIL 管廊内预留两回 500kV 电缆线路，GIL布置在管廊上部区域，远期 500kV 电缆线路敷设在下层区域，分腔体布置，并在中间区域设置人员巡视通道；两回 GIL 设备采用垂直布置，分开布置在管廊两侧，管廊内 GIL 布置如图 1-2 所示。

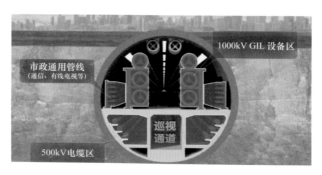

图 1-2  苏通 GIL 综合管廊工程隧道截面图

本章将介绍 GIL 输电技术的基本概念以及 GIL 输电技术的优势，特别将GIL 设备与传统架空线路、高压电缆进行对比，并介绍国内外 GIL 典型工程的基本情况。

# 1.1  GIL 输电技术简介

GIL 是一种采用 $SF_6$、$SF_6/N_2$ 或其他气体绝缘、外壳与导体同轴布置的高电压、大电流、长距离电力传输设备。GIL 典型结构如图 1-3 所示。由于 GIL 设备具有输电容量大、占地少、维护量小、寿命长、环境影响小等显著优点，逐渐成为特殊环境下替代架空线的首选方案，用于 GIS 和架空线连接、输电线路交叉、发电厂内高压变压器与开关设备连接等重要部位，已有大量的工程应用实例。

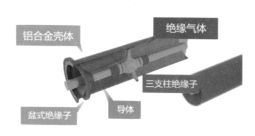

图 1-3  GIL 典型结构

GIL 设备在进行长距离、大容量电能传输时具有明显的优势，主要表现在以下几个方面：

（1）输送容量大。目前，GIL 设备的最大额定电流可达到 8kA，而最大输送功率超过 10GW，根据不同的技术和经济指标，GIL 设备可以通过调节壳体的壁厚、直径及内部导体的直径来满足输送容量的要求。

（2）传输损耗小。与架空导线电缆相比，GIL 设备导体和外壳的截面积更大，电阻更小，因而传输损耗小。

（3）部件模块化。GIL 设备通常包含 4 种标准单元，即直线单元、转角单元、隔离单元和补偿单元。其中，直线单元由导体、壳体和支撑绝缘子组成；转角单元适用于 GIL 设备的复杂工况，常用于 GIL 中较大的转角处；隔离单元是为了满足长距离 GIL 设备的现场耐压试验需要而设置的；补偿单元的主要作用则是当 GIL 长距离布置时，用来补偿管线的热胀冷缩及基础沉降引起的形变，也可用于调节安装误差。采用模块化处理不仅可以简化线路设计，而且也利于降低工艺难度、提高制造水平。

（4）安全性高。GIL 设备的高压导体被安装在全封闭式的金属外壳内，且充有 $SF_6$ 或 $SF_6/N_2$ 混合气体等绝缘介质，不易受到外界因素的影响，不易发生燃烧和爆炸事件。

（5）环境友好。一方面，GIL 可采用直埋于地下或者隧道等安装方式，对外部自然景观没有影响；另一方面，高压导体上输送的电流与外壳上感应的电流是等值反向的，因此 GIL 周围外部空间的电磁场几乎为 0，可以忽略不计。

（6）适用于复杂地形、远距离输电。GIL 设备的电容值、电阻值较小，即使进行长距离电能输送，也不需要无功补偿和冷却系统。另外，GIL 设备能够克服敷设高度差以及弯曲半径的限制，适用于大跨度、高落差地区的长距离输电。

（7）运行成本低。虽然 GIL 设备每千米造价是电缆的 4～5 倍，是架空线路造价的 10 倍以上，使得 GIL 设备的一次性投入成本高，但是由于 GIL 设备的运维成本低和损耗小，其一次性投入成本在经过大约 5 年的运行之后，可以实现资本回收。

## 1.2　GIL 输电技术特点

架空输电线路、高压电缆和 GIL 输电技术都有各自的特点，对不同的输电线路进行技术比较，需要综合考虑多项技术参数。由于功能的相互依赖性，在对比中很难简单地说某种方案是最佳的，只能对影响因素作用的大小给出定量的分析。此外，由于不同的工程项目都有各自的特点，在技术方面的影响是不同的，因此，在实际施工设计中，需要对每个工程项目分别进行分析。

## 1.2.1 与架空线路的区别

与架空输电线路相比，GIL 设备具有以下优点：

（1）由于高压导体安装在全封闭空间中，并充有 $SF_6$ 或 $SF_6$ 混合气体作为绝缘介质，因此，不受自然环境影响，可靠性高，运维工作量小。

（2）高压导体中的传导电流与壳体产生的感应电流是等值反向的，因此，设备外部环境中的电磁场几乎为零，不产生电磁干扰。

（3）导体截面积大，因此，输送容量大（2000～3000MVA），损耗小。根据实际运行经验，将 1400MW 电能输送至 32km 距离远处，架空输电线路的损耗为 18.56MW，而 GIL 设备的损耗仅为 5.76MW，GIL 设备的损耗还不到架空线路的 1/3。

（4）能够克服敷设高度差以及弯曲半径的限制，适用于特殊地形条件下。

（5）占地面积小。根据有关资料表明，容量为 2.5GVA 的四回 420kV 架空线路或一回 765kV 架空线，所需的线路走廊宽度约为 35m，但如果换用 420kV 的 GIL，则单项封闭式占地宽度仅约为 2.3m，三相封闭式占地宽度则仅为 0.9m。

图 1-4 为架空输电线路实物图，图 1-5 为 GIL 实物图。

图 1-4　架空输电线路实物图

图 1-5　GIL 实物图

## 1.2.2 与电缆的区别

与高压电缆相比，GIL 设备具有以下优点：

（1）传输容量大。由于制造工艺的原因，考虑技术和经济因素，电缆导线截面积已经到了的极限，但是 GIL 设备导线截面可以做到更大，在提高传输功率方面具有巨大的优势。表 1-1 以传输容量为 1100MVA 为例，给出了 GIL 与电缆的传输损耗对比。

（2）不易老化，使用寿命长。GIL 设备的气体介质为 $SF_6$ 或 $SF_6$ 混合气体，不存在老化问题，而且气体介质在发生击穿后，介质具有较强自恢复能力。虽然盆式绝缘子会存在一定的老化情况，但比电缆绝缘材料的老化情况要好得多。根据已有的研究结果，GIL 设备的使用寿命至少可以达到 50 年。

（3）电容值小，介质损耗小。GIL 设备的电容值远小于常规电缆，因此充电电流小，传输距离可以增加，而且无需安装电抗器等无功补偿装置。表 1-1 给出了典型 GIL 设备与电缆的一些基本物理参数。图 1-6 和图 1-7 分别为电力电缆和 GIL 实物图。

表 1-1　　　　GIL 设备与电缆的基本物理参数对比

| 参　数 | 充油电缆 | 交联聚乙烯电缆 | GIL |
|---|---|---|---|
| 单位长度电感（mH/km） | 0.68 | 0.73 | 0.22 |
| 单位长度电容（nF/km） | 269 | 183 | 54 |
| 单位长度电阻（mΩ/km） | 23 | 19 | 9.4 |
| 特性阻抗（Ω） | 50 | 64 | 63 |

图 1-6　电力电缆实物

图 1-7　GIL 实物图

（4）无电磁干扰，适宜安装在对电磁敏感的区域。

（5）安装灵活，检修成本低，使用范围广，可隧道、地面、架空敷设。

（6）GIL 设备主要由金属和绝缘气体构成，无易燃物，与电缆相比，无火灾隐患。

（7）运行维护成本低。

### 1.2.3　与 GIS❶ 母线的区别

表 1-2 对 GIS 母线与 GIL 进行了对比。与 GIS 母线相比，GIL 设备具有标准单元长、绝缘子内置、法兰对接面少、气室长度大、盆式绝缘子用量少、结构简单、成本低等优点。

表 1-2　　　　　　　　　　　　GIS 母线与 GIL 对比

| 对比项目 | GIS 母线 | GIL 设备 |
| --- | --- | --- |
| 气室长度 | 约数十米 | 数十米至数百米 |
| 壳体连接方式 | 法兰—盆式绝缘子—法兰 | 法兰对接 |
| 支撑绝缘 | 盆式绝缘子（外置）、柱式绝缘子 | 支柱绝缘子（3 柱或 2 柱）、盆式绝缘子（内置） |
| 微粒捕获 | 无 | 设置微粒陷阱 |

# 1.3　GIL 输电技术应用现状

截至 2013 年 6 月，全世界范围内敷设的 80～1200kV GIL 设备的累计长度已超过 750km，具体分布如表 1-3 所示。

表 1-3　　　　　　　　　　世界范围内敷设的 GIL 累计长度

| 电压等级（kV） | 累计长度（km） |
| --- | --- |
| 80、115、121、123、138、145、172 | 26 |
| 230、242、275 | 215 |
| 345、362 | 70 |
| 400～420 | 165 |

---

❶　GIS—气体绝缘金属封闭开关设备，英文全称为 gas-insulated metal-enclosed switchgear。

| 电压等级（kV） | 累计长度（km） |
|:---:|:---:|
| 550 | 265 |
| 800 | 15 |
| 1200 | 1.26 |
| 总计 | 757.26 |

由于具有上述优点，GIL 设备已经在世界范围内得到越来越广泛的应用。典型的应用情况包括：

（1）高压电力变压器与断路器的连接；

（2）地下发电站高压电力变压器与外部架空输电线路的连接；

（3）GIS 与架空输电线路或变压器的连接；

（4）高海拔、大落差、大跨度，跨江、跨海等特殊环境中的电能输送；

（5）高压阀厅内直流穿墙套管的替代。

## 1.3.1 国内典型 GIL 工程

20 世纪 90 年代初期，GIL 设备开始在中国得到应用。

（1）天生桥水电站 500kV GIL 线路为我国敷设的第一条 GIL 线路，由压缩气体绝缘输电线路公司（Compressed Gas Insulated Transmission Corporation，简称 CGIT 公司）于 1992 年制造，用于连接变压器和空气套管。该 GIL 工程的单相长度为 50m，额定电压为 550kV，额定电流为 2000A，雷电冲击耐压为 1550kV。

（2）广东岭澳核电站 500kV GIL 工程也是由 CGIT 公司于 1998 年制造，用于连接主变压器和 GIS，单相线路长 3008m，隧道敷设，额定电压 550kV，额定电流 2000A，雷电冲击耐压 1550kV。

（3）浙江省瓶窑变电站。华东电网的首条 500kV GIL 于 2004 年 6 月在浙江瓶窑变电站投运，为 500kV 母线分裂改造工程创造了有利条件。该设备由河南平高东芝高压开关有限公司制造，关键零部件全部由日本东芝进口，采用户外架设，法兰连接。上海 500kV 泗泾变电站 GIL 设备，单相总长度为 3.2km，双层布置敷设，双回出线最大宽度仅为 2.88m，无需新征地，不涉及控制和保护系统的改造。

（4）青海省拉西瓦水电站。拉西瓦水电站位于青海省贵德县拉西瓦镇境内的黄河干流上，是黄河上游龙羊峡至青铜峡河段规划的第二座大型梯级电站，其地理位置和外貌如图1-8所示。该水电站出线设计采用 GIL 技术，由 CGIT 公司制造，从 GIS 间隔引至出线平台后转架空线送出，是中国目前电压等级最高的 GIL 工程。该 GIL 设备的最高电压为 800kV，额定电流为 5000A，雷电冲击耐压为 2100kV，操作冲击耐压为 1550kV，根据现场的特点，共设置了一种直线标准单元（长 11.5m）和五种转弯单元，拉西瓦 GIL 的结构示意图如图1-9所示。

图 1-8　拉西瓦水电站地理位置及外貌

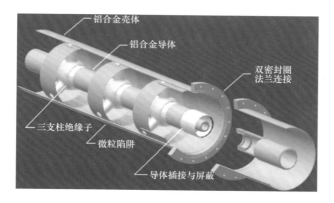

图 1-9　拉西瓦水电站 800kV GIL 结构示意图

拉西瓦水电站 GIL 设备布置在电站主变通风管道夹层，地面高程为 2252.70m，空间净高 7m，GIL 与 GIS 出线相连后经 105m 长水平廊道，如图1-10所示；再穿过高 207m 的垂直竖井到地面高程为 2460m 出线层，如图 1-11 所示；两端分别连接 GIS 与线路设备。电站通过西宁间隔与官亭间隔两回 GIL 经拉宁线和拉官线分别接入 750kV 西宁变电站和官亭变电站。

图 1-10　水平长廊及 800kV GIL

图 1-11　垂直竖井及 800kV GIL

GIL 竖井剖面呈截去左侧的圆形，圆形的内半径为 5600mm，左侧的截面长度为 7952mm；GIL 水平廊道剖面下方呈长方形，上方呈圆形，下方尺寸为 6000×3200mm，上方圆形内径为 3750mm，如图 1-12 所示。

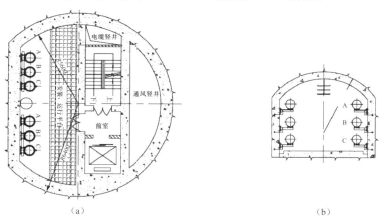

（a）　　　　　　　　　　　　　　　　　（b）

图 1-12　GIL 竖井、水平廊道剖面图
（a）GIL 竖井剖面图；（b）GIL 水平廊道剖面图

拉西瓦水电站 800 kV GIL 的主要技术参数如表 1-4 所示。

表 1-4　　　　　拉西瓦水电站 800kV GIL 工程的主要技术参数

| 主要技术参数 | 参数值 |
| --- | --- |
| 额定电压 $U_e$ | 462/800kV |
| 额定电流 $I_e$ | 5000A |
| 雷电冲击耐受电压 | 2100kV |
| 操作冲击耐受电压 | 1550kV |
| 绝缘介质 | $SF_6$ |

（5）四川省溪洛渡水电站。溪洛渡水电站是我国西电东送的骨干工程，位于四川省雷波县和云南省永善县交界的金沙江下游河段上，下游距宜宾市河道里程184km，是一座以发电为主，兼有防洪、拦沙及改善下游河段通航条件等综合利用效益的巨型水电站。该水电站通过垂直高差约 475m（左岸）和 480m（右岸）的 GIL 竖井，连接地下 550kV GIS 室和地面出线场。

溪洛渡水电站 550kV GIL 工程在左右岸共设 7 回出线，左岸 3 回，右岸 4 回。由西门子公司制造，单相总长度为 12705 m。由于落差太大以及枢纽布置需要，每个竖井均被分为上下两段，之间用水平洞连接，上竖井高度差约 260m，下竖井高度差约 220m。溪洛渡水电站 GIL 工程的主要技术参数如表 1-5 所示。

**表 1-5　　　　溪洛渡水电站 550kV GIL 工程的主要技术参数**

| 主要技术参数 | 参数值 |
| --- | --- |
| 额定电压 $U_e$ | 550kV |
| 额定电流 $I_e$ | 4000A |
| 1min 工频耐受电压 | 710kV |
| 雷电冲击耐受电压 | ≥1175kV |
| 操作冲击耐受电压 | ≥1675kV |
| 绝缘介质 | $SF_6$ |

## 1.3.2　国外典型工程

### 1.3.2.1　美洲典型 GIL 工程

美洲关于交流 GIL 技术的研究，始于 20 世纪 60 年代，CGIT 公司的前身高电压能源公司（High Voltage Power Corporation）1972 年在美国新泽西州哈德逊（Hudson）电厂安装了世界上第一条交流 GIL 线路。2001 年，CGIT 公司在美国密西西比州的巴克斯特威尔逊（Baxter Wilson）电厂敷设了 1 条电压等级为 550 kV 的 GIL 线路。

（1）美国新泽西州的哈德逊电厂。1972 年，美国建成了世界上第一条 GIL 线路，如图 1-13 所示，该 GIL 输电线路坐落在美国新泽西州的 Hudson 电厂，由美国麻省理工学院和 CGIT 公司共同研制开发，其额定电压为 242kV，额定载流量为 1600A，采取直埋敷设的方式，用以连接常规的空气绝缘变电站设备和远端的变压器设备。

该 GIL 工程的主要技术参数如表 1-6 所示，现在这条线路仍在安全运行。

图 1-13 美国新泽西州的哈德逊电厂 GIL 工程

表 1-6 哈德逊电厂 GIL 工程的主要技术参数

| 主要技术参数 | 参数值 |
| --- | --- |
| 额定电压 $U_e$ | 242kV |
| 额定电流 $I_e$ | 1600A |
| 额定冲击耐受电压 $U_{BIL}$ | 900kV |
| 绝缘介质 | $SF_6$ |

（2）加拿大鲍曼维尔（Bowmanville）的 GIL 工程。加拿大鲍曼维尔的 GIL 工程建造于 1985～1987 年，该工程是目前世界上额定通流能力最大的 GIL 工程，其最大的额定电流为 8000A，最大短路电流为 100kA。该工程通过 GIL 将户内 GIS 设备和户外架空线路连接起来，采用地上钢架支撑结构，如图 1-14 和图 1-15 所示。

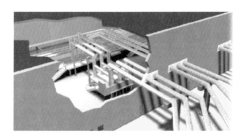

图 1-14 加拿大 Bowmanville 的
GIL 工程示意图

图 1-15 加拿大 Bowmanville 的
GIL 工程实景图

虽然 Bowmanville 的 GIL 工程具有较大的通流能力，但其必须工作在低温环境下，该 GIL 项目的技术参数如表 1-7 所示。

**表 1 - 7**　　　　　　　　**Bowmanville 的 GIL 工程的主要技术参数**

| 主要技术参数 | 参数值 |
|---|---|
| 额定电压 $U_e$ | 550kV |
| 额定电流 $I_e$ | 4000/6300/8000A |
| 额定冲击耐受电压 $U_{BIL}$ | 1550kV |
| 额定短时耐受电流 $I_s$ | 100kA/1s |
| 总长度 | 3.2km |
| 绝缘介质 | $SF_6$ |

### 1.3.2.2　欧洲典型 GIL 工程

德国西门子公司在 1975 年首次将交流 GIL 技术应用于德国施卢赫湖的韦尔 (Wehr) 抽水蓄能电站。该 GIL 工程电压等级 400kV，全长 700m，敷设在山体隧道中用以连接发电机与洞顶架空线。2010 年德国法兰克福机场由于扩建的需要，新建设了一条 400kV 的 GIL 线路，代替了原有的 220kV 架空线路。

2002 年，瑞士的日内瓦机场敷设了一条 GIL 线路，替换了原有的 220kV 架空线路，该 GIL 采用隧道敷设，总长 470m，首次使用了西门子公司的第二代 GIL，采用 $N_2/SF_6$ 混合气体（$SF_6$ 与 $N_2$ 气体体积之比为 1：4）作为绝缘介质，$SF_6$ 用量的减少使建设成本明显降低，通过适当增大气压能够使混合气体达到与纯 $SF_6$ 基本相当的绝缘性能，截至 2018 年，运行状态良好。

1998 年，法国第一条 400kV GIL 试验线路建成，全长 300m，额定输送容量 2000MVA，采用直埋式敷设，外壳为铝合金材料并外涂防腐蚀涂层。绝缘方面，在全世界范围内首次采用 $N_2/SF_6$ 混合气体（$SF_6$ 与 $N_2$ 气体体积之比为 1：9），大大减少了 $SF_6$ 用量，符合欧洲对 $SF_6$ 排放管制的要求，进一步降低了制造成本。

（1）德国施卢赫湖的 Wehr 抽水蓄能电站 GIL 系统。德国施卢赫湖的 Wehr 抽水蓄能电站 GIL 工程由西门子公司建造，是 GIL 技术首次在欧洲应用，其作用是连接电站内部的发电机与洞顶架空线，如图 1 - 16 所示。该工程 GIL 的布置方式如图 1 - 17 所示，两回 GIL 装设在隧道的壁上，在中间有阶梯供运行维护人员安全通行，在隧道顶部还安装有控制线路。该抽水蓄能电站刚开始采用充油电缆连接发电机和洞顶的架空输电线路，但该充油电缆发生故障并起火烧毁，因此便采用了不易起火的 GIL 技术来解决发电机和山顶架空线之间的连接问题。Wehr 抽水蓄能电站 GIL 工程的主要技术参数如表 1 - 8 所示，其金属外套之间是通过焊接密封的，该 GIL 工程已经运行超过了 40 年，依然具有良好的密封效果，至今未补充 $SF_6$ 气体。

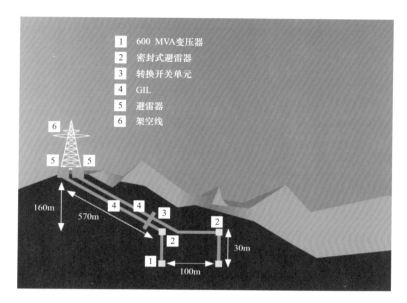

图 1-16　韦尔抽水蓄能电站 GIL 系统示意图

图 1-17　韦尔抽水蓄能电站 GIL 的布置图

表 1-8                                 Wehr 抽水蓄能电站 GIL 工程的主要技术参数

| 主要技术参数 | 参数值 |
| --- | --- |
| 额定电压 $U_e$ | 420kV |
| 额定电流 $I_e$ | 2000A |
| 额定冲击耐受电压 $U_{BIL}$ | 1640kV |
| 额定短时耐受电流 $I_S$ | 53kA/s |
| 总长度 | 4.2km |
| 绝缘介质 | $SF_6$ |

（2）瑞士日内瓦的 PALEXPO 会展中心 GIL 工程。2001 年，瑞士日内瓦的 PA-LEXPO 会展中心采用了 $N_2/SF_6$ 混合气体绝缘的 GIL 设备。本项 GIL 项目建设之前，该地区存在一条架空输电线路，如图 1-18 所示。为了留出足够的空间建设会展中心大厅，便采用西门子公司的 GIL 技术将已有的架空线路的一段改造为地下部分，如图 1-19 所示。同时，由于 GIL 外壳的屏蔽连接方式，通过将架空线路改造为 GIL 线路，减小了对周围环境的电磁干扰。该 GIL 工程的主要技术参数如表 1-9 所示。

图 1-18　PALEXPO 会展中心改造前架空输电线路

图 1-19　PALEXPO 会展中心地下 GIL 实景图

表1-9　瑞士日内瓦的 PALEXPO 会展中心 GIL 工程的主要技术参数

| 主要技术参数 | 参数值 |
| --- | --- |
| 额定电压 $U_e$ | 300kV |
| 额定电流 $I_e$ | 2000A |
| 额定冲击耐受电压 $U_{BIL}$ | 1050kV |
| 额定短时耐受电流 $I_S$ | 50kA/s |
| 总长度 | 2560m |
| 绝缘介质 | 80％$N_2$和20％$SF_6$ |

### 1.3.2.3　亚洲典型 GIL 工程

（1）日本名古屋新名火—东海（Shinmeika-Tokai）线路。日本名古屋新名火—东海线路于 1998 年建成，它连接了日本本岛的东海（Tokai）变电站和新名古屋（Shin Nagoya）半岛的火力发电站，如图 1-20 所示。

该 GIL 项目全长 3.3km，电压等级 275kV，额定载流量 6300A，采用隧道安装。隧道位于地下 30m，内径 5.6m，分上下层，隧道上层为双回路 GIL，下层为液化天然气管路，如图 1-21 所示。

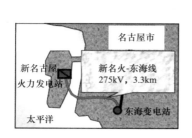
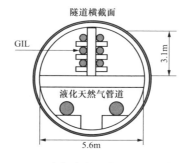

图1-20　日本新名火—东海 GIL 工程示意图　　图1-21　日本新名火—东海 GIL 安装示意图

该 GIL 线路目前采用自然冷却，输送容量 1300MVA。如对隧道采用强迫冷却措施，输送容量可达 2850MVA。从经济角度来看，该 GIL 工程建设成本为普通电力电缆的 130％，但由于设备的回路少，断路器等开关设备相应减少，并且无需安装电抗器进行无功补偿，其综合成本为电缆的 95％。

该 GIL 工程的另一个特点是在现场通过焊接安装，其 GIL 的每一段长 14m，运输到现场的隧道中再通过焊接连接起来。同时，在整条线路安装完毕后，还对 GIL 设备进行了现场的高压试验。新名火—东海 GIL 工程主要技术参数如表1-10所示。

表 1‑10　　　　　　日本新名火—东海 GIL 工程的主要技术参数

| 主要技术参数 | 参数值 |
| --- | --- |
| 额定电压 $U_e$ | 275kV |
| 最大电压 | 287.5kV |
| 额定电流 $I_e$ | 6300A |
| 总长度 | 3.3km |
| 绝缘介质 | $SF_6$ |

（2）沙特阿拉伯 PP9 GIL 工程。PP9 GIL 工程是 2004 年在沙特阿拉伯首都利雅得敷设的，该工程将八座发电厂和 PP9 电站相连，电压等级 420kV，线路长度 17km。采用 GIL 设备是为了实现昼夜大温差、沙尘较多等沙漠气候下电能的安全高效传输。GIL 设备架设在地上 5m 处，全程采用钢结构支撑，如图 1‑22 所示。PP9 GIL 工程的主要技术参数如表 1‑11 所示。

图 1‑22　PP9 GIL 工程

表 1‑11　　　　　　沙特阿拉伯 PP9 GIL 工程的主要技术参数

| 主要技术参数 | 参数值 |
| --- | --- |
| 额定电压 $U_e$ | 420kV |
| 额定电流 $I_e$ | 1200A（55℃下） |
| 额定冲击耐受电压 $U_{BIL}$ | 1425kV |
| 额定短时耐受电流 $I_s$ | 63kA |
| 总长度 | 17km |
| 绝缘介质 | $SF_6$ |

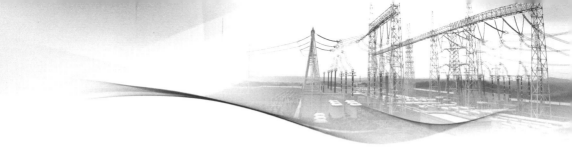

# 2  GIL 设备结构及设计

GIL 设备主要由外壳、中心导体和绝缘子构成，其中：GIL 外壳是容纳绝缘气体的压力容器；中心导体一般采用管型设计，承载工作电流；根据外形和功能，可将 GIL 设备绝缘子分为柱式绝缘子和盆式绝缘子，通常采用内部安装，并在其附近装设微粒陷阱来捕捉金属微粒，提高 GIL 绝缘可靠性。GIL 在电气性能上与架空线较为相似，区别之处在于 GIL 输电系统中的导体密封在外壳中。该外壳不但消除灰尘和潮湿空气等环境因素对 GIL 的影响，也保持了 GIL 电气性能的稳定性。本章从 GIL 设备元件及典型单元、GIL 典型参数及关键设计三部分对 GIL 设备结构及设计进行系统介绍。

## 2.1  设备元件及典型单元

### 2.1.1  设备元件

#### 2.1.1.1  壳体

对于长距离、大气室的母线应用场合，GIL 设备普遍采用标准单元设计，标准直线管道长度一般为 7～18m，并在壳体两端焊接用于管道连接的法兰，如图 2-1 所示。

图 2-1  特高压 GIL 壳体

（1）壳体成形方式。GIL 设备壳体主要有三种成形方式：成型管材、板材卷焊及带材螺旋焊。成型管材直径尺寸不能做得很大，只适用于低电压等级设备中。

板材卷焊壳体生产工艺简单、检查方便、生产效率高、成本低、发展较快，但管材成型较难且开料尺寸不能更改，尤其是大管径和厚壁管更难成型，不能做到很长，而且制造周期较长、对接法兰过多、制造成本高，如图 2-2（a）所示。带材螺旋焊是将较窄的坯料按一定的螺旋线的角度（成型角）卷成管坯，然后将管缝焊接起来制成，它可以用较窄的铝带生产大直径的铝管，还可以用同样宽度的坯料生产管径不同的焊管，管的强度一般比直缝焊管高。但是与相同长度的直缝管相比，焊缝长度增加 30%～100%，如图 2-2（b）所示。螺旋焊管由于原材料浪费少、制造效率高，壳体长度可以任意裁制，更适合用于 GIL 壳体制造。因此，对于长隔断管道设计的 GIL 而言，壳体宜采用螺旋焊管形式。

（a） （b）

图 2-2　焊接实物图

（a）直焊缝；（b）螺旋焊缝

从焊接工艺上来讲，直缝铝管与螺旋焊铝管的焊接方法一致，但直缝焊管不可避免地会有很多的丁字焊缝，存在焊接缺陷的几率也大大增大。此外，丁字焊缝处的焊接残余应力较大，焊缝金属往往处于三向应力状态，增加了产生裂纹的可能性。而且，根据埋弧焊的工艺规定，每条焊缝均应有引弧处和熄弧处，但每根直缝焊管在焊接环缝时，无法达到该条件，由此在熄弧处可能有较多的焊接缺陷。

当壳体在承受内压时，通常在管壁上产生两种主要应力，即径向应力 $\delta_Y$ 和轴向应力 $\delta_X$。对于螺旋焊管来说，其焊缝处合成应力为

$$\delta = \delta_Y(1/4\sin 2\alpha + \cos 2\alpha)1/2$$

式中：$\alpha$ 为螺旋焊管焊缝的螺旋角。

螺旋焊管焊缝的螺旋角一般为$50°\sim75°$，因此螺旋焊缝处合成应力是直缝焊管主应力的$60\%\sim85\%$。在相同工作压力下，同一管径的螺旋焊管比直缝焊管的壁厚小，这样可以显著降低成本。

（2）壳体加工方法。

1）直线管道壳体。直线管道壳体采用两端法兰、中间螺旋焊接壳体焊接结构，壳体结构如图 2-3 所示。

图 2-3　直线壳体结构

2）转角管道壳体。GIL 设备布置走线复杂，需要适应不同地理条件要求。所以，GIL 设备敷设有多种多样的转角走线要求。转角壳体设计采用一个直母线段，根据安装需要角度切割对接拼焊而成，其成本较低，$90°\sim179.5°$任意角度均可加工，布置非常灵活。转角壳体结构形式如图 2-4 所示。

3）法兰。普通机加工法兰：使用与 GIS 完全相同的普通法兰，锻坯进厂后采用立车加工而成。

高颈法兰：该法兰不易变形，密封好，应用广泛，有相应的刚性与弹性要求，焊口离接合面距离大，可使对接面免受焊接温度影响产生变形。

4）螺旋焊管与法兰焊接。GIL 设备壳体采用法兰与螺旋焊管焊接而成。采用普通法兰需要在焊接后对两端法兰进行机加工，在 GIL 设备壳体长度较大时（如特高压苏通管廊工程用 GIL 设备的壳体单元长为 18m），焊后加工法兰并使其尺寸满足图纸需求需要更大的加工机床。采用高颈法兰可以事先加工法兰，然后再与壳体焊接，从而保证两端满足法兰的平行度等尺寸的要求。目前，高颈法兰工艺及与壳体的焊接工艺都已比较成

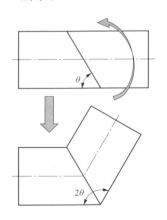

图 2-4　转角管道
壳体结构设计

熟，法兰与壳体的焊缝外观美观，X射线探伤合格，能够满足GIL设备使用要求。法兰与壳体焊接及内、外焊缝如图2-5所示。

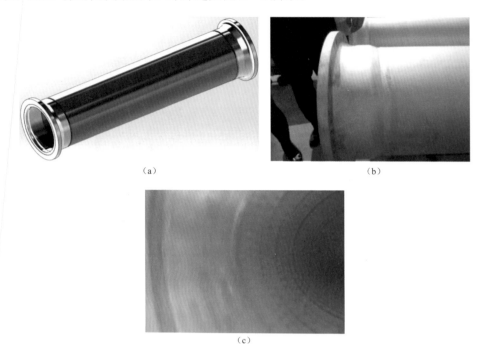

（a）

（b）

（c）

图2-5　GIL法兰与壳体焊接焊缝

（a）筒体焊接；（b）外焊缝；（c）内焊缝

### 2.1.1.2　导体及电连接

导体尺寸和外壳的尺寸配合，应保证转弯和导体端部不产生电晕，并有足够的绝缘裕度。导体和电连接采用高导电率的铝合金材料以满足强度和温升的要求。具体导体设计包括导体截面尺寸和导体连接方式等。

（1）导体截面尺寸。GIL设备导体采用成型铝合金管材。在工频电流下，采用管状导电杆可以削弱集肤效应的影响，减少原材料的用量。

图2-6　导电杆焊接连接

（2）导体连接方式。GIL设备导体的电连接方式有焊接和插接两种。焊接方式成本低廉，一般适应于较长距离且水平安装的GIL设备，但需要使用专业焊机，且工艺控制难度高，如图2-6所示。插接方式适应于较短距离和垂直竖井或斜井敷设方式。

GIL 电连接允许一定的轴向伸缩和轴向角度偏转,可有效补偿热胀冷缩、零部件误差和安装误差。GIL 设备电插接结构有梅花触头、螺旋弹簧触头、表带触头和 HM 触头四种典型设计,这四种结构设计均能够保证 GIL 设备运行过程中因通流发热产生的轴向热膨胀和径向角度偏转得到有效的补偿。

1)梅花触头。插拔寿命长、载流能力强,允许有一定的轴向角度偏转,但结构较为复杂,结构如图 2-7 所示。

2)螺旋弹簧触头。结构较为简单,且成本较低,但载流能力小,调整角度相较于梅花触头也较小,最大仅能到 1.5°,其结构如图 2-8 所示。

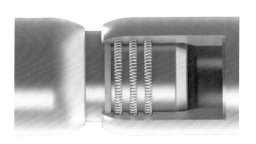

图 2-7 梅花触头          图 2-8 螺旋弹簧触头

3)表带触头。载流能力强,结构也较为简单,性能也比较稳定,相较于前两种,其调整角度大,但是成本较高,其结构如图 2-9 所示。

4)HM 触头。结构采用类似于表带触头的设计,其调整角度最大可达到 2.7°,并能够确保导体插接的良好接触,如图 2-10 所示。

图 2-9 表带触头          图 2-10 HM 触头

GIL 设备电连接一般内部设置有过滤微粒的滤网,触头插接部位设置屏蔽罩，以防止运行过程中触头往复运动摩擦产生的金属碎屑、微粒散逸到导体和外壳之间的空间，如图 2-11 所示。

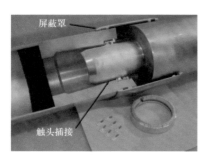

图 2-11　典型 GIL 设备电联接

### 2.1.1.3　绝缘件

绝缘件通常由环氧树脂和填料制成，目前最为常用的填料是氧化硅（细砂）和氧化铝（$Al_2O_3$），两种填料均可以在环氧树脂模具成型时提供给绝缘件必要的机械强度。目前用于气体绝缘设备的环氧树脂有若干配方，不同的机械强度、最高耐受温度、电气绝缘性能、表面放电敏感度以及表面电蚀耐受性要求对应不同的配方。

（1）柱式绝缘子。柱式绝缘子主要作用是对导体进行支撑，形式上有单柱式绝缘子和多柱式绝缘子，应用最广泛的是三柱式绝缘子。

单柱式和双柱式绝缘子一般均采用固定式安装，绝缘子的两端分别固定于中心导体和外壳。单柱式绝缘子可安装于中心导体下方对其进行支撑，也可在中心导体上方对其进行提拉，如图 2-12 所示。双柱式绝缘子的两只支撑柱成一定角度对中心导体进行支撑（例如 120°），与单柱式绝缘子相比，双柱式绝缘子对导体提供支撑的强度得到提升，GIL 外壳和导体的同心度进一步得到保证。图 2-13所示为典型的采用双柱式绝缘子的 GIL 绝缘结构。

图 2-12　单柱式绝缘子

图 2-13　双柱式绝缘子

三柱式绝缘子实物如图 2-14 所示。其与外壳连接有固定式和滑动式两种方式，如图 2-15 所示。与固定式相比，滑动式连接通过在绝缘子与外壳接触的部位安装尼龙滚珠，减小移动阻力，能够有效补偿安装过程的误差并在 GIL 运行

过程中提供热膨胀或机械应变补偿。两种方式一般同时使用，具体的使用方法与
导体和外壳连接方式有关。

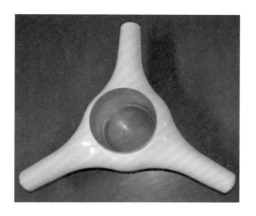

图 2-14　GIL 用三柱式绝缘子

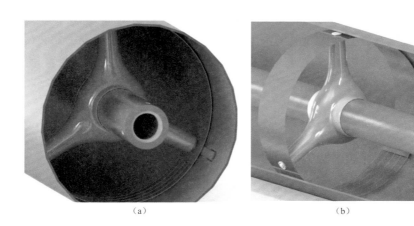

　　　　　　　（a）　　　　　　　　　　　　　　　　（b）

图 2-15　GIL 设备用三柱式绝缘子安装方式
（a）固定式；（b）滑动式

　　由图可见，绝缘子附近安装了微粒陷阱以捕获金属微粒。

　　（2）盆式绝缘子。盆式绝缘子是在 GIS 和 GIL 设备中都普遍应用的绝缘和
支撑部件，一般采用内置式，既可利用壳体连接法兰进行封装，也可在壳体内
部设计专用法兰对其进行安装，可用于相邻气室之间分隔，也可在其上开孔仅
用于绝缘支撑。盆式绝缘子均采用固定安装方式，典型结构形式如图 2-16
所示。

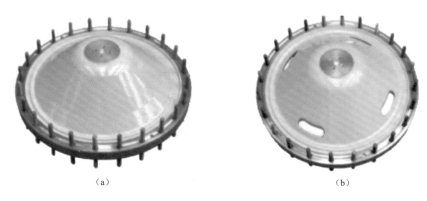

（a） （b）

图 2-16　典型 GIL 用盆式绝缘子结构形式

（a）气隔型绝缘子；（b）通气型绝缘子

　　气隔型绝缘子是用于分隔相邻气室的盆式绝缘子，通气型绝缘子则仅起绝缘支撑作用的盆式绝缘子。

　　GIL 盆式绝缘子与常规盆式绝缘子的区别在于：GIL 盆式绝缘子均采用内置结构，以减少法兰对接面，降低密封面过多引起的气体泄漏风险；GIL 盆式绝缘子设计屏蔽层，以缓和内部电场，优化内部尺寸；GIL 盆式绝缘子安装位置设置微粒陷阱，以降低带电微粒对绝缘件的影响；采用螺栓紧固连接模式，方便安装及检修。结构如图 2-17 所示。

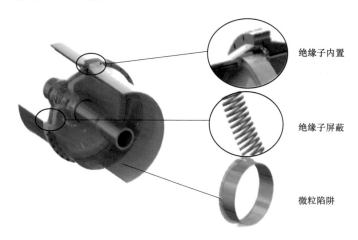

绝缘子内置

绝缘子屏蔽

微粒陷阱

图 2-17　内置盆式绝缘子设计

### 2.1.1.4　壳体支撑

　　（1）壳体支撑设计。GIL 设备壳体的支撑方式可以分为固定式和滑动式，如图 2-18 和图 2-19 所示，两种方式一般同时采用。固定支撑通过螺栓或焊接将外壳固定在钢支架或基础上，用于固定 GIL 设备并能承受由于热胀冷缩引起的各种作用，吸收因热胀冷缩造成的壳体位移；滑动支撑可以使 GIL 设备热膨胀和冷收缩时在上面自由滑动，并通过在基础座两侧设置塑料材质导向挡块，来阻止其横向移动。工程设计时需根据实际工况进行 GIL 设备整体的动稳定计算，根据计算结果，设置固定支撑位置及配置滑动支撑位置。典型 GIL 设备壳体滑动支撑实现图如图 2-19 所示。

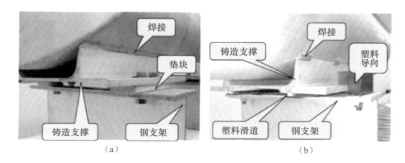

图 2-18　GIL 设备壳体支撑方式

（a）固定支撑；（b）滑动支撑

图 2-19　典型 GIL 设备壳体滑动支撑实物图

另外在转角处两个方向上都采用滑动支撑，且横向移动挡块可以加大间隙，使得 GIL 设备在两个方向上有较大的伸缩空间。

GIL 设备系统安装、连接完成后是一个整体，运行中要考虑其整体的动稳定能力。支撑件在设计上应满足各种荷载组合引起的最大荷载，包括 GIL 设备和构架本身的质量、短路电流作用力、土建结构的变形、基础不均匀沉陷和错位产生的负荷、地震荷载、温差引起的作用力、带有工具的维护、检修人员在设备上工作时的荷载、最大风速下的风荷载及冰、雪荷载（户外设备）等。

（2）特殊位置壳体支撑。在垂直竖井安装 GIL 设备的固定方式主要有一点固定方式和多点固定方式。

一点固定方式分上端固定方式和底部固定方式，其伸缩装置设置在水平段，伸缩装置结构及数量由垂直竖井 GIL 设备外壳的热胀冷缩变形量、伸缩装置水平和垂直方向允许变形量确定。

多点固定方式是根据 GIL 设备的热胀冷缩变形量，通过设置伸缩装置来分多段固定。每一固定段设置一个伸缩装置，一个固定式和多个滑动式支撑。伸缩装置可安装在每个固定段顶部或底部。

以拉西瓦水电站 800kV GIL 设备为例，根据系统设计整体动稳定计算成果，在水平段 GIL 设备的首端和垂直段 GIL 设备的末端（即竖井顶部）均设置了固定支撑结构，而在 GIL 设备水平段和垂直段的其他部分，则只进行滑动式支撑。

设计斜井时，将伸缩装置设置在水平段，并在斜井上端设置一点固定支撑，中间侧设置滑动支撑，如图 2-20 所示。

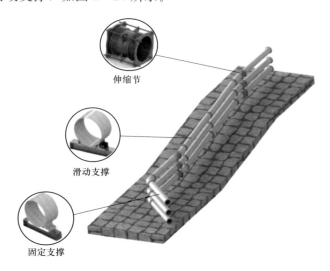

图 2-20　斜井设计

设计竖井时，同样采用一点固定式，以 30m GIL 设备竖井线段长度为例，管道及气体总量约为 3.5t，日变化量为 5mm，年变化量为 34mm，如图 2-21 所示。

考虑到垂直段内的上下段气压差可能产生误报警情况进行了计算分析，可以得到在气室高度为 30m 时，底部与顶部压力差仅为 0.01415MPa，上下段压力的变化对报警压力并无影响，故而竖井高度为 30m 可以满足 GIL 设备正常运行的要求。

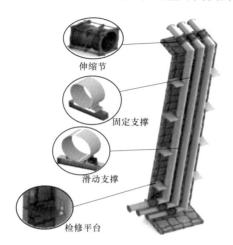

图 2-21　竖井设计

#### 2.1.1.5　伸缩节

伸缩节（又称膨胀节）是用来补偿 GIL 设备外壳安装误差、运行中热胀冷缩以及检修时用于 GIL 设备解体的缓冲部件。伸缩节根据设置的位置和作用来确定不同型式。对于设置在设备连接处的伸缩节，主要作用是减震以及满足设备制造和安装误差；对于设置的土建伸缩节，主要是满足土建结构的变形要求；对于设置在直线段和转弯处的伸缩节，主要满足热胀冷缩、安装和制造误差等。GIL 设备伸缩节的典型设计如图 2-22 所示。

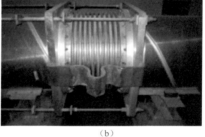

（a）　　　　　　　　　　　　　　（b）

图 2-22　典型 GIL 设备伸缩节实物图
（a）力平衡波纹管；（b）铰链波纵管

（1）结构。伸缩节主要由波纹管、接管、法兰及附件构成，其中，波纹管是伸缩节的最核心部件，其结构如图 2-23 所示。波纹管的材料应按工作介质、外部环境和工作温度等工作条件选用，常用材料见表 2-1。

表 2-1　　　　　　　　　　　　波纹管常用材料

| 材料名称 | 材料牌号 | 材料执行标准 |
| --- | --- | --- |
| 不锈钢 | 06Cr19Ni10<br>022Cr19Ni10<br>06Cr17Ni12Mo2<br>022Cr17Ni12Mo2<br>06Cr18Ni11Ti | GB/T 3280<br>《不锈钢冷轧钢板和钢带》 |

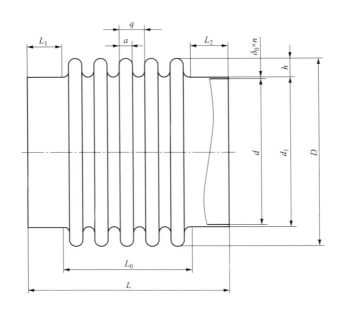

图 2-23 波纹管结构示意图

$d$—波纹管内径（波纹管端部内配合直径）；$D$—波纹管外径；$a$—波厚；$q$—波距；

$\delta_0$—波纹管单层壁厚；$n$—波纹管层数；$h$—波高；$d_1$—波纹管端部外配合直径；

$L_1$、$L_2$—波纹管直边段；$L_0$——波纹管有效长度；$L$—波纹管总长

伸缩节的接管、法兰用材料，一般应与安装伸缩节的设备主体管道、法兰材料相同或相近。翻边结构的法兰可根据相应标准选取。拉杆、螺母、支撑块、压力平衡装置等附件材料应按工作介质、外部环境和工作温度等工作条件适当选用。常用钢材料见表 2-2。

表 2-2　　　　　　　接管、法兰及附件常用钢材料

| 材料名称 | 材料牌号 | 材料执行标准 |
|---|---|---|
| 不锈钢 | 06Cr19Ni10 | GB/T 3280《不锈钢冷轧钢板和钢带》、GB/T 4237《不锈钢热轧钢板和钢带》、GB/T 14976《流动输送用不锈钢无缝钢管》 |
| 碳素钢 | Q235-A（不推荐用于法兰、接管）<br>Q235-B<br>20<br>45（不宜用于焊接结构件） | GB/T 3274《碳素结构钢和低合金结构钢热轧钢板和钢带》、GB/T 8163《输送流体用无缝钢管》 |
| 弹簧钢 | 50CrVA | GB/T 1222《弹簧钢》 |

（2）分类。伸缩节按使用条件可分为安装伸缩节和温补伸缩节，其中，安装伸缩节用于 GIL 设备单元间安装、拆卸、调整安装偏差及补偿基础不均沉降；温补伸缩节用于补偿 GIL 设备运行中壳体因温度变化引起的位移变化，安装时，也可在一定范围内补偿安装偏差。

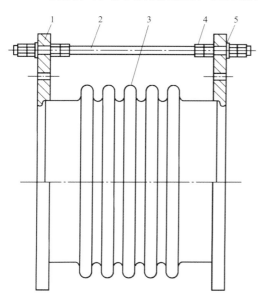

图 2-24　通用型伸缩节
1—法兰；2—拉杆；3—波纹管；4—螺母；5—垫片

伸缩节按结构形式可分为通用型伸缩节、复式拉杆型伸缩节、直管压力平衡型伸缩节、铰链型伸缩节等，其中，通用型伸缩节是由波纹管、端法兰及相关结构件组成的，可实现轴向、角向、横向（径向）三个方向的自由伸缩。既可作为安装伸缩节，又可作为温补伸缩节。结构示意图见图 2-24。

复式拉杆型伸缩节是由中间管所连接的两个波纹管及拉杆、端板和球面与锥面垫圈等结构件组成的，可根据需要补偿轴向或横向位移并能承受波纹管压力推力的伸缩节。结构示意图见图 2-25。

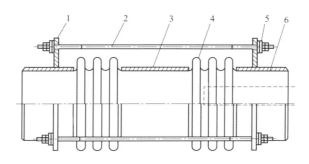

图 2-25　复式拉杆型伸缩节
1—端板；2—拉杆；3—中间管；4—波纹管；5—球面、锥面垫圈；6—端管

直管压力平衡型伸缩节，由位于两端的两个工作波纹管和位于中间的一个平衡波纹管及拉杆和端板等结构件组成，主要用于吸收轴向位移并能平衡波纹管压

力、推力的伸缩节。结构示意图见图 2 - 26。这种伸缩节依靠自身的设计结构达到自平衡的目的，对支架和基础的强度要求低。

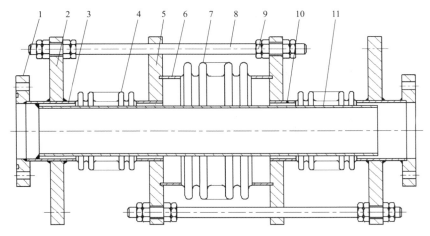

图 2 - 26　直管压力平衡型伸缩节

1—法兰；2、5—端板；3—端接管；4—工作波纹管；6、10—接管；7—平衡波纹管；
8—平衡拉杆；9—螺母；11—内保护套（可选件）

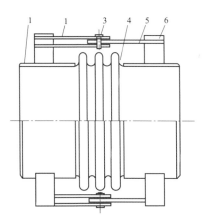

图 2 - 27　铰链型伸缩节

1—端板；2—副铰链板；3—销轴；4—波纹管；5—主铰链板；6—立板

铰链型伸缩节由一个波纹管及销轴、铰链板和立板等结构件组成，只能吸收一个平面内的角位移的伸缩节。结构示意图见图 2 - 27。由两个铰链型伸缩节和中间母线可组成复式铰链型伸缩节。

## 2.1.2　典型单元

GIL 设备采用标准化模块单元设计，主要由直线单元、隔离单元、转角单元、补偿单元及可拆卸单元组成，如图 2 - 28 所示。

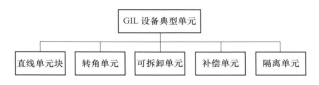

图 2 - 28　GIL 设备典型单元

其中，直线单元主要用于 GIL 设备中的直线段连接，长度一般为 7～18m；隔离单元的作用是实现充气室分隔，使得 GIL 设备可以进行分段调试和维护；转角单元用于 GIL 设备中转角较大的部位，可采用铸铝或焊接方式生产，可以实现 90°～179.5°的角度变化；补偿单元主要作用是补偿外壳热胀冷缩引起的外尺寸变化，以防因外尺寸变化引起的线路故障；而可拆卸单元便于对 GIL 进行分段拆解。

各单元结构如图 2-29 所示。

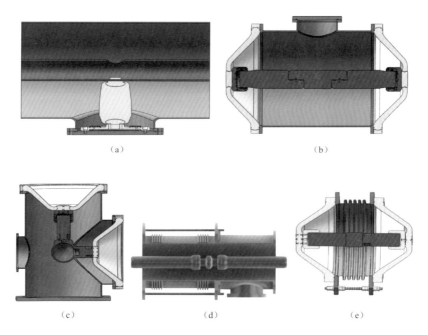

图 2-29　典型 GIL 设备单元外形图

(a) 直线单元；(b) 隔离单元；(c) 转角单元；(d) 可拆卸单元；(e) 补偿单元

(1) 直线单元。标准直线单元如图 2-30 所示，最大长度 18m，考虑运输等因素影响，目前已投运的常用的直线单元长度为 12m 左右。标准直线单元由壳

图 2-30　标准直线单元

体、支撑绝缘子、导电杆和电连接等组成。壳体采用螺旋焊管和法兰焊接结构；导体采用整根焊接，减少了插头数量，降低了导体接触不良缺陷的发生概率；支撑绝缘子采用固定绝缘子和滑动绝缘子配合使用。

（2）转角单元。GIL 设备采用转角单元应对 GIL 设备复杂的工况。转角单元主要由转角壳体及转角导电杆组成，转角壳体根据制造工艺可以分为铸造壳体及焊接壳体，转角导电杆采用统一的铸造转角导体根据工程实际需求加工。目前转角单元可以实现 90°～179.5°范围内的角度变化，典型结构如图 2-31 所示。

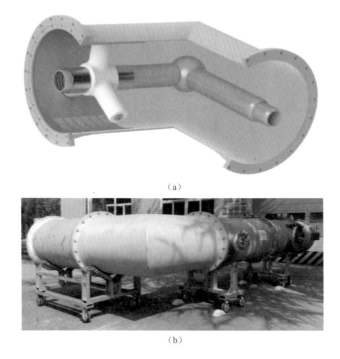

（a）

（b）

图 2-31　转角单元

（a）模型图；（b）实物图

（3）隔离单元。根据现场耐压试验需求，GIL 设备中间位置设置隔离单元，用以实现分段绝缘试验。分段耐压时隔离单元处于隔离状态，实现 GIL 设备分段开展现场交接绝缘试验，降低对实验设备容量的要求。在现场交接绝缘试验后，隔离单元处于连接状态，恢复主导电回路，如图 2-32 所示。

从现场操作便利性、耐压试验有效性和减少现场开盖操作等方面出发，建议隔离单元采取隔离开关结构，可配置手动操动机构，仅用于现场检修隔离或交流耐压试验，GIL 设备正常运行时该隔离开关处于合闸状态。

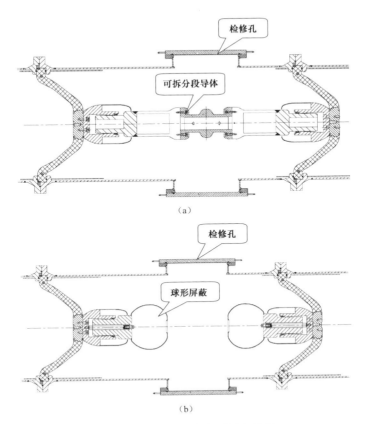

图 2-32　GIL 设备典型隔离单元
（a）连接状态；（b）隔离状态

（4）补偿单元。补偿单元即为前文所述的伸缩节，详见 2.1.1.5。

（5）可拆卸单元。可拆卸单元由波纹管、可拆导体及短筒体组成，工程设计中，通常在每个气室均设置可拆卸单元，也可根据实际情况在合适位置设置可拆卸单元，便于对 GIL 设备进行分段拆解。可拆单元结构如图 2-33 所示。

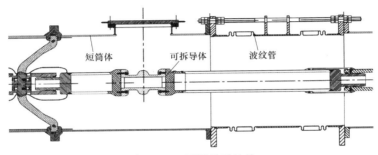

图 2-33　可拆单元结构

# 2.2 典型技术参数

## 2.2.1 GIL 设备本体参数

典型 GIL 设备基本参数见表 2－3。

表 2－3　　　　　　　　　　典型 GIL 设备本体参数

| 项目 ＼ 厂家 | Siemens | AZZ | ABB | Alstom | 平高 |
|---|---|---|---|---|---|
| 额定电压（kV） | 420/550 | 145～1200 | 380/550 | 245～550 | 550/1100 |
| 工作压力（MPa） | 0.7 | 0.6 | 0.36 | 0.35/0.42 | 0.45 |
| 绝缘气体 | 80%$N_2$/20%$SF_6$ | $SF_6$ | $SF_6$ | $SF_6$ | $SF_6$ |
| 标准单元长度（m） | — | 12～18 | 8 | 10 | 12～18 |
| 额定电流（A） | 4500 | 7000 | 6300 | 最大 5000 | 5000/6300/8000 |
| 绝缘子安装方式 | 螺栓联接 | 焊接 | 螺栓连接 | 螺栓连接 | 螺栓连接 |
| 壳体连接方式 | 焊接 | 法兰 | 法兰 | 法兰/焊接 | 法兰 |

## 2.2.2 线路参数

电阻与导体的直径、壁厚及材料有关。对于导电管，采用电导率较高的电气铝材；对于外壳管，选用高强度的铝合金，可以满足高达 0.8MPa 的气室压力要求，并承受来自土壤负荷的机械力、热胀冷缩和弯曲力。典型的电阻值见表2－4。

表 2－4　　　　　　　　　　典 型 的 电 阻 值

| 额定电压（kV） | 直径（mm） | 壁厚（mm） | 交流电阻（$\mu\Omega$/m） |
|---|---|---|---|
| 145/70 | 240 | 15 | 18 |
| 245/300 | 310 | 12 | 16 |
| 362 | 380 | 12 | 13 |
| 420/550 | 500 | 10 | 11 |
| 800 | 630 | 10 | 10 |
| 1200 | 760 | 10 | 8 |

GIL 设备的电容由它的尺寸及内部填充的绝缘气体共同决定。可以忽略仅占 GIL 设备容积的 0.1% 的固体绝缘，仅考虑介电常数是 1 的绝缘气体对 GIL 设备电容的影响。不同直径的 GIL 设备的典型电容值见表 2-5。GIL 设备的电容值是架空线的 2 倍，是采用固体绝缘的电缆的 1/4～1/3。

表 2-5　　　　　　　　　典 型 的 电 容 值

| 额定电压（kV） | 直径（mm） | 壁厚（mm） | 电容（pF/m） |
|---|---|---|---|
| 145/70 | 240 | 15 | 59 |
| 245/300 | 310 | 12 | 52 |
| 362 | 380 | 12 | 53 |
| 420/550 | 500 | 10 | 54 |
| 800 | 630 | 10 | 45 |
| 1200 | 760 | 10 | 42 |

GIL 设备的电感由外壳、导体的尺寸及直接接地的外壳共同决定，典型值如表 2-6 所示。绝缘气体和内部绝缘子对 GIL 设备电感的影响可以忽略。圆柱形的电场设计和直接接地的外壳使得 GIL 设备电感相对较小，表 2-6 为不同直径 GIL 电感值。

表 2-6　　　　　　　　　典 型 的 电 感 值

| 额定电压（kV） | 直径（mm） | 壁厚（mm） | 电感（$\mu$H/m） |
|---|---|---|---|
| 145/70 | 240 | 15 | 0.187 |
| 245/300 | 310 | 12 | 0.211 |
| 362 | 380 | 12 | 0.210 |
| 420/550 | 500 | 10 | 0.205 |
| 800 | 630 | 10 | 0.247 |
| 1200 | 760 | 10 | 0.260 |

波阻抗为 GIL 设备暂态特性中的重要参数。暂态电压在波阻抗不同的连接处被反射，且该反射程度与波阻抗密切相关，需在系统绝缘配合中对其进行研究，GIL 设备波阻抗如表 2-7 所示。

表 2 - 7 GIL 设备的波阻抗

| 额定电压（kV） | 直径（mm） | 壁厚（mm） | 波阻抗（Ω） |
|---|---|---|---|
| 145/70 | 240 | 15 | 56.0 |
| 245/300 | 310 | 12 | 63.4 |
| 362 | 380 | 12 | 62.8 |
| 420/550 | 500 | 10 | 61.5 |
| 800 | 630 | 10 | 73.9 |
| 1200 | 760 | 10 | 78 |

传输系统的自然功率是指当电感和电容相等时的功率值，且此时仅传输有功功率，这是电力系统的优化结果。GIL 设备的自然传输功率取决于设备尺寸。

如 420kV 四分裂架空线自然功率约为 700～900MVA，额定功率约为 1800～2000MVA。由于电感相位角对输电系统的影响，因此需要对长距离输电进行容性补偿，常见容性补偿措施是在变电站上安装大型电容器组。

相比于 GIL 设备和架空线，同等电压等级下的固体绝缘电缆视在功率较高，但需要通安装大型电抗器来对电缆系统进行无功补偿。然而，大型电抗器尺寸较大且易产生热损耗，经济性不高。表 2 - 8 为 400kV 输电系统的自然功率。

表 2 - 8 400kV 输电系统的自然功率

| 系 统 | 自然功率（MVA） | 额定功率（MVA） |
|---|---|---|
| GIL：500mm 外壳直径 | 2000～3000 | 2000～3000 |
| 架空线：四分裂导线 | 700～900 | 1800～2200 |
| XLPE 交联电缆 | 4000～5000 | 800～1200 |

各厂家特高压 GIL 设备基本电气参数如表 2 - 9 所示，由表 2 - 9 可以看到各厂特高压 GIL 设备基本电气参数差异较小。

表 2 - 9 各厂家特高压 GIL 设备基本电气参数

| 厂家 | 电感（μH/km） | 电容（nF/km） | 电阻（mΩ/km） | 波阻抗（Ω） |
|---|---|---|---|---|
| AZZ | 259.5 | 42.9 | 3.89 | 77.8 |
| 平高 | 296.3 | 37.6 | 3.95 | 88.8 |
| 西开 | 243.8 | 45.6 | 3.04 | 73.8 |
| 新东北 | 296.3 | 37.6 | 3.95 | 88.9 |

## 2.3  关键设计

### 2.3.1  密封设计

GIL 设备采用隧道安装或其他密闭环境安装时，由于空间较封闭，一旦发生 $SF_6$ 气体泄漏，其流通极其缓慢，不易排出，从而对进入隧道内的工作人员产生极大的危险；而且 $SF_6$ 气体的比重较氧气大，当发生 $SF_6$ 气体泄漏时，$SF_6$ 气体将在底层空间聚积聚，造成局部缺氧，使人窒息；另外，$SF_6$ 气体本身无色无味，发生泄漏后不易让人察觉，这就增加了对进入泄漏现场工作人员的潜在危险性。

GIL 设备是通过一个带压充气的封闭管道形成的一个封闭系统，周围环境温度、内部导杆发热地基沉降等情况可使其发生变形，同时该系统自身重量，依托法兰形式实现支撑，在这种情况下，要保证这个系统不发生气体泄漏，要从元件强度、系统设计、产品质量和安装控制四个方面来进行控制。

根据相关标准规定，GIL 设备气体密封性能要求较高，其 $SF_6$ 年泄漏率从0.01%到0.5%不等。基于低气体泄漏率的设计要求，法兰对接处一般采用双道密封结构，如图 2-34 所示，主要组成包括法兰、密封槽和密封圈。

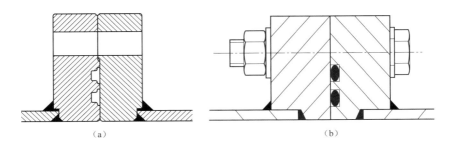

图 2-34  法兰对接处密封结构示意图

（a）T 型槽；（b）矩形槽

（1）法兰：单侧法兰设置双道密封槽，另一侧法兰无密封槽，法兰采用凸台对接结构或平面对接结构，无论凹面筒体还是凸面筒体，其密封区域都在筒体凹陷区域，转运及装配中都可以有效保护密封区域不被划伤。

（2）密封槽：T 型槽［见图 2-34（a）］或矩形槽［见图 2-34（b）］。

（3）密封圈：O 型圈，两个密封圈线径相同，压缩量设置相同。以内圈为气室第一道密封屏障，外圈为第二道密封屏障，保证了设备满足年漏气率的要求。

## 2.3.2 绝缘设计

目前，采用 SF₆ 气体的 GIL 设备技术相对成熟，通过对初步设计进行校核和电场优化确定最终设计。GIL 设备中的典型绝缘结构分为 SF₆ 气体间隙和绝缘子沿面两种情况，合理的场强控制值是绝缘设计的关键。

（1）SF₆ 间隙场强控制。GIL 设备内电场属于稍不均匀场，电场不均匀系数为 1.7 左右，在雷电冲击下其冲击系数约为 1.25 左右，而国家标准规定的雷电冲击耐受电压与工频耐受电压的峰值之比为 1.6～1.7，因此，其绝缘尺寸主要是由雷电冲击耐受电压确定，需进行场强控制。

GIL 设备属于同轴圆柱结构，其电场可表示为

$$E(x) = \frac{U}{x \ln \dfrac{R}{r}} \tag{2-1}$$

式中　$U$——电极间的电压，kV；

　　　$r$——内导体外半径，mm；

　　　$x$——场点到圆柱轴线的垂直距离，mm；

　　　$R$——外壳内半径，mm。

GIL 设备的最大场强出现在内导体的外表面，为

$$E(r) = \frac{U}{\left( r \ln \dfrac{R}{r} \right)} \tag{2-2}$$

一般情况下，设计纯 SF₆ 绝缘 GIL 设备时，工作气压取 0.4～0.45MPa，在雷电冲击电压下的设计场强可表示为

$$E_r = 7.5(10p)^{0.75} \tag{2-3}$$

式中　$p$——气压，MPa。

根据下式得到设计场强 $E_r$ 为 21.21～23.17kV/mm，通行的设计方法取为 19kV/mm。对于 GIL 设备绝缘设计，需满足 $E(r) \leqslant E_r$，可计算出 $R$ 和 $r$ 的许可范围。

GIL 设备受到导电微粒污染的情况下，其绝缘性能会大幅下降。金属导电性微粒在电场力的作用下，从外壳内表面起立并在电场中运动，诱发局部放电甚至引发绝缘子发生沿面闪络或气体间隙击穿。通常，外壳内表面的场强应小于一定值，以避免金属导电性微粒的起立。

根据式（2-3），外壳内表面的电场强度为

$$E(R) = \frac{U_1}{R\ln\dfrac{R}{r}} \qquad (2-4)$$

式中　$U_1$——GIL 的工频运行电压。

为防止导电性微粒的运动，须使 GIL 设备在工频电压下，外壳内表面的电场强度小于 1kV/mm。依据该条件，可以计算出 $R$ 和 $r$ 的许可范围。

设计 GIL 设备时，外壳内径和内导体外径之比 $D/d$ 一般设计为 e，这是理论上的最佳比值。为了减小固体绝缘支撑承受的最大工频场强或改善 GIL 设备的散热性能，需适当增大该值。满足内导体外表面和外壳内表面场强要求的 GIL 设备尺寸范围，如图 2-35 所示。图 2-35 中，直线表示由内导体外表面场强决定，虚线表示取决于外壳内表面场强，点划线给出了 $D/d$ 为 e 的曲线。

（2）绝缘子场强控制。在设计时要强调电场分布的均匀性和最高场强的控制，不应过分放大尺寸保证绝缘的可靠性。

1）绝缘子内部场强。工频运行电压下绝缘子的内部场强一般不应超过 3～4kV/mm。国外厂家设计时，最大可设计为 5kV/mm。绝缘子内部电场分布并不受 GIL 内部气体压力的影响。

2）绝缘子表面切向场强。绝缘子表面切向电场分布对于绝缘子设计至关重要，因为绝缘子表面闪络电压显著低于间隙放电电压，因此绝缘子往往是绝缘薄弱环节。GIL 设备中绝缘子闪络是一个很复杂的现象，有很多因素可以影响绝缘子的性能，例如，绝缘子的形式、材料，在电场作用下绝缘子表面电荷和体电荷的产生，金属微粒的污染等。结合部位也是需要仔细考虑的位置，合理的形状布置会减小此处电场集中的现象，提高绝缘子的工作可靠性，降低闪络的可能。绝缘子表面切向场强必须小于一定数值，作为惯例，一些厂商把绝缘子表面的切向最大场强限制在金属导体表面场强的一半以下。以 SF₆ 绝缘 GIS 设计为例，通常以 0.5MPa 作为气压的设计标准，此时最大场强出现在金属导体表面，约为25kV/mm。考虑到留有一定裕度，可选取设计上限值为 24kV/mm，此时绝缘件表面切向电场最大值应小于 12kV/mm，即内导体表面最大场强的 1/2。

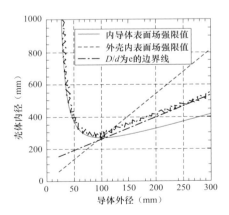

图 2-35　满足内导体表面和外壳内表面场强要求的 GIL 设备尺寸范围

（3）绝缘校核及性能优化。盆式绝缘子和三柱式绝缘子是 GIL 绝缘结构中的关键部件，其绝缘设计和制造过程中原料配方、工艺过程对产品质量起着至关重要的作用。

在绝缘结构设计方面，通过电磁场仿真计算的方式对初步设计进行电场校核和优化。考虑 SF₆ 气体、环氧树脂等材质的介电常数，基于绝缘结构型式和尺寸，对绝缘结构进行建模，对内导体外表面、绝缘子表面、嵌件表面、绝缘子内部、接地法兰等位置处的电场强度进行仿真计算，根据绝缘设计要求进行校核。

在绝缘设计方面，有限元分析方法是一种有效的手段，图 2-36～图 2-39 为

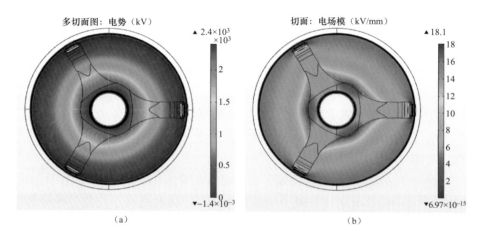

图 2-36 电场计算结果

（a）电位分布云图；（b）电场强度分布云图

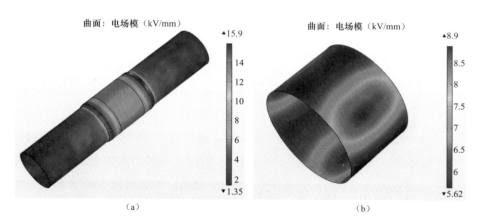

图 2-37 高电位导体处电场计算结果

（a）导电杆电场强度；（b）高电位嵌件电场强度

图 2-38  绝缘子地电位嵌件处电场强度

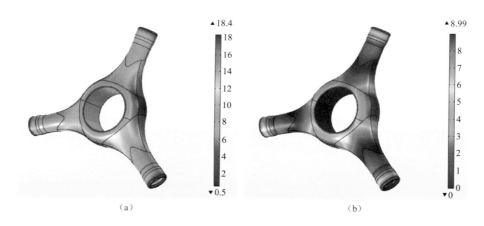

（a）                                       （b）

图 2-39  绝缘子表面电场强度

（a）合向量电场强度；（b）切向电场强度

典型特高压用绝缘子结构在标准雷电冲击电压（2400kV）下的电场分布有限元分析结果，计算值如表 2-10 所示。通过计算结果表明，绝缘子满足使用要求，结构设计合理。

表 2-10                                        电 场 强 度 计 算 结 果

| 导电杆表面<br>（kV/mm） | 高电位嵌件表面<br>（kV/mm） | 绝缘子表面切向电场<br>（kV/mm） | 绝缘子表面<br>（kV/mm） | 地电位嵌件表面<br>（kV/mm） |
|---|---|---|---|---|
| 15.9 | 8.9 | 9 | 18.4 | 10.83 |

### 2.3.3 通流设计

（1）温升要求。GIL 设备的通流设计主要受导体和外壳的允许温升制约。GIL 的通流截面积很大，可达 $10000\text{mm}^2$ 以上，故其电阻很小，通常每千米只有数毫欧，通流能力强、传输容量大。然而，在通过数千安培的大电流时，GIL 的温升和散热问题不容忽略，需在考虑不同敷设方式及环境因素的条件下进行温升分析，从而保证 GIL 设备的安全稳定运行。

通常情况下，敷设在地面上的 GIL 设备的载流量由导体的最高温度决定，而直埋型设备 GIL 设备的载流量则由外壳允许的最高温度决定。为保证 GIL 设备的温度低于最高允许运行温度，现场一般采取的措施是减小 GIL 设备载流量，但这会降低 GIL 的使用效率。

GIL 设备通流设计不当将直接导致触头局部温度过高，进而引起绝缘老化、击穿，甚至引发重大事故。据不完全统计，国内外电力公司所采用的 GIL 设备或 GIS 设备，均不同程度地出现过因绝缘老化或接触不良而造成的温度异常现象及并发事故。

（2）通流能力校核。

1）GIL 温升仿真。有限元数值计算方法具有成本低、精确度高、可模拟任意复杂环境等优点，是求解 GIL 设备温升的有效方法。GIL 设备温升仿真结果如图 2-40 所示。

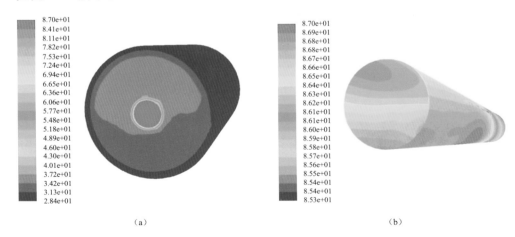

（a）                                （b）

图 2-40　GIL 设备温度分布（一）

（a）GIL 设备三维耦合温度场；（b）GIL 设备导体温度分布；

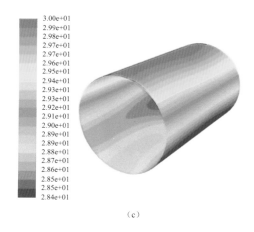

（c）

图 2 - 40  GIL 设备温度分布（二）

（c）GIL 设备外壳温度分布

由图 2 - 40 可知，GIL 设备内部气体在热浮力的作用下，对流效果显著，导体正上方的气体温度较高，在导体与外壳顶部之间形成一条竖直温度带，上升气流遇到顶部外壳的阻挡向两侧分流，导体左右两侧气体温度基本对称，温度带呈现水平分布，导体下方气体温度低于导体上方，且 GIL 设备温度分布具有近似的轴对称性。

2）GIL 设备通流电磁场和流场耦合仿真。为了更加接近实际情况，采用温度场和气流场耦合仿真结合试验验证的方法进行 GIL 设备通流设计，以某 GIL 工程仿真为例进行说明。首先，运用电磁场与气流场耦合的方法，在全面考虑绝缘件的介质损耗、管道外壳涡流损耗、接触电阻、集肤效应、电阻温度系数、热传导、自然对流和辐射等因素的基础上，建立了 GIL 设备通流损耗发热的温度场与气流场耦合仿真模型，如图 2 - 41 所示。其次，通过仿真计算，研究集肤效应、介质损耗、涡流和辐射等对 GIL 设备损耗发热计算的影响。最后，结合 GIL 设备温升试验对仿真结果进行验证。

相对于温升计算，采用以上方法能够针对异形结构计算温升，且获得导体的温升分布，计算结果更加详细。

## 2.3.4  柔性设计

GIL 设备有水平、竖井及斜井等多种布置形式，输电线路通常较长，且转角结构灵活多变，运行环境复杂多样。GIL 设备标准直线单元长度通常为 12m 左右（具体长度结合工程实际决定），且在不同运行环境下的温升及热伸缩形变规

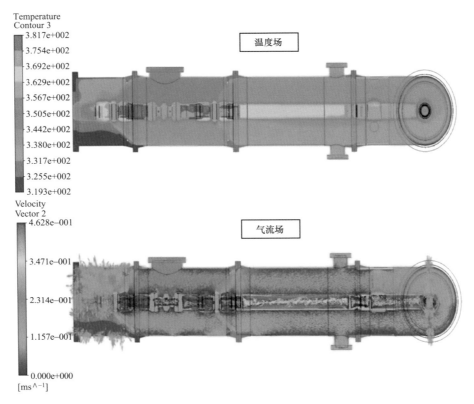

图 2 - 41　GIL 设备通流温升仿真计算结果

律有很大差异，不同转角结构吸收热涨、冷缩及其他位移变形的能力不同，不同
布置形式对伸缩节补偿要求有差异。

　　管道的力学特性和抗震性能反映了其通过自身变形吸收热涨、冷缩和其他位
移变形的能力，GIL 工程设计中开展 GIL 管道力学特性分析和柔性设计，通过
对敷设管道的应力特性分析，找到管道设计过程中应力集中位置，经过设计结构
的优化，改善设备应力分布，可以有效地防止由于管道的温度、自重、内压和外
载等因素引起的壳体及支撑开裂、不可恢复塑形变形等事故，进而保证输电线路
的安全可靠运行。

　　随着计算机在工程设计及计算中的广泛应用，目前通常采用以矩阵解析法
为基础的应力分析程序，如 AutoPIPE、CAESAR、SAP - 5、等值刚度法计算
程序及 SIMFLEX - Ⅱ 管道应力分析程序等进行管道柔性设计，示例如图 2 - 42
所示。

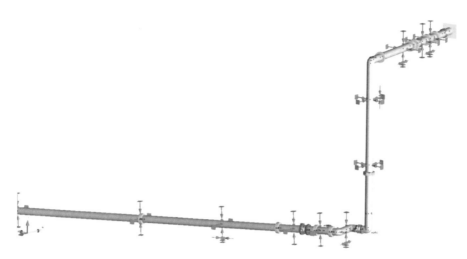

图 2-42 管道柔性设计示意图

## 2.3.5 微粒陷阱

GIL 设备对环境、制造、装配等工艺过程实施了最为严格的质量控制，但由于内部滑动部件之间相互摩擦不可避免，装配过程不可控制因素的存在、金属微粒产生，会影响到产品的电气可靠性。金属微粒会在 GIL 设备腔体内部运动甚至粘附在绝缘子表面，可能会降低气体间隙的绝缘性能和绝缘子的沿面闪络电压。

目前，设置微粒抑制措施是限制微粒附着绝缘子、提高系统绝缘强度最直接和最有效的途径。微粒抑制的主要措施有：设置驱赶电极，浇筑绝缘子时预埋电极，外壳内表面覆黏性膜、微粒陷阱、电极或绝缘子表面敷电介质膜。其中，微粒陷阱和表面覆膜措施的效果显著，也是实际 GIS/GIL 设计中采用的主要措施。微粒捕捉装置的效果如图 2-43 所示。

GIL 设备中的电场分布主要是径向的，但是由于绝缘子及其表面电荷的存在，使 GIL 设备电场中具有轴向分量。考虑外壳内表面粗糙和微粒受到的轴向库仑力、轴向电场梯度力等因素，微粒运动时将具有轴向速度。基于绝缘子在 GIL 设备绝缘性能中的重要性和微粒的运动趋势，微

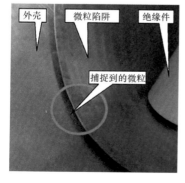

图 2-43 微粒捕捉装置效果展示

粒陷阱通常设置在绝缘子附近。

微粒陷阱根据法拉第笼原理，在 GIL 系统中形成一个低电场区，当微粒运动到低电场区时，其所受到的电场力将减小，从而被微粒陷阱捕获。通过试验及工程实践证明微粒陷阱能有效捕捉微粒，从而降低微粒附着绝缘子引起的击穿。微粒陷阱具有多种设计形状，包括拱起的条型、局部带镂空圆孔的圆筒型、局部带镂空沟槽的圆筒型以及在壳体上设置把口等，如图 2-44 所示。

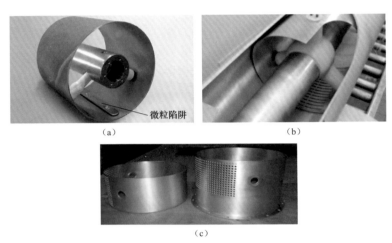

图 2-44　微粒陷阱的典型结构

(a) 条形；(b) 带镂空沟槽的圆筒型；(c) 带镂空圆孔的圆筒型

微粒陷阱的有效性主要与槽的宽度、密度和深度以及微粒在电场中的运动轨迹有关。比陷阱尺寸小的微粒能够有效被陷阱捕获。此外，外施电压对陷阱捕获微粒的时间有很大影响。相同电压下，需要施加更长时间的电压才能使大尺寸微粒被陷阱捕获，而提高外施电压可有效降低微粒捕获时间。

## 2.3.6　电磁场

随着公众对电磁辐射的关注度越来越高，高压输电设备的电磁辐射问题引起人们更多的担忧。GB 8702—2014《电磁环境控制限值》规定了 50Hz 工频电磁场环境中公众曝露限值为 $100\mu\mathrm{T}$。

目前高压输电有架空线、电缆和 GIL 三种形式。

最常见的输电形式为架空线，其成本最低，架空线无法实现的区域，特别是在城市中，大多采用电缆，在输电容量特别大或者电压等级超过 550kV 时，只能选用 GIL。架空线在较大区域内产生较高的磁场分布，如图 2-45 所示。

400kV 输电线路在额定电流 3150A 时的磁通密度分布，在距离铁塔 40m 时仍然高于 $5\mu$T。

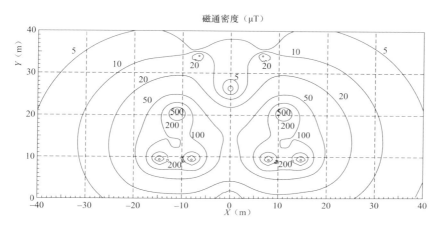

图 2-45　架空线磁通密度的分布

　　电缆产生的电磁场强度是三种输电形式中最大的，在靠近高电压电缆时会影响人体健康。GIL 设备运行时，低阻抗的外壳上产生感应电流，感应电流大小为导体电流的 90% 以上，且与导体电流方向相反，所以 GIL 设备产生的电磁场强度是最低的。图 2-46 为特高压单相布置 GIL 在额定电流 6300A 时的电磁场分布，计算表明 GIL 设备外壳以外磁感应强度极小。

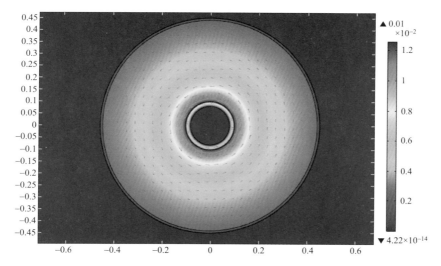

图 2-46　特高压 GIL 在额定电流 6300A 时的电磁场分布

　　GIL 设备的电磁辐射很低，不会对人和周围环境产生影响。特别是在核电站内，电缆不允许穿过核岛，以防电磁辐射对控制保护系统产生干扰。图 2-47 所示为三相平行安装 GIL 设备和电缆的电磁场强度的分布对比。

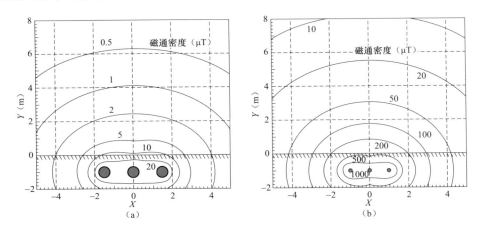

图 2-47　三相平行安装 GIL 和电缆的磁通密度分布对比

（a）GIL 流过负荷电流后周围空间电磁场截面图；（b）电缆流过负荷电流后周围空间电磁场截面图

# 3 GIL 设备安装技术

GIL 输电系统的安装敷设，要考虑到其所处的地形、环境等因素引发的占地、地面沉降、防腐、防水等问题，因此 GIL 输电系统的安装技术是工程实现上的难点之一。本章将从安装方式、安装工艺、安装机具对 GIL 输电系统的安装技术进行介绍。

## 3.1 安装方式

GIL 典型安装方式有架空安装、直埋安装及隧道安装。

### 3.1.1 架空安装

架空安装是指将 GIL 管段安装在独立的支架上，支架沿线路方向一定间隔设置，支架可以采用钢结构或钢筋混凝土结构，可调整任意高度、任意走向。架空安装 GIL 直接暴露在外界空气中，在腐蚀环境中需外涂防腐漆，法兰连接面需涂防水胶带以防密封圈老化。架空安装有受外力破坏的隐患，此外还存在腐蚀、浸水、地面沉降及影响景观的问题。但是户外架空敷设方式造价较低、占地较小、运行维护方式也相对简单，主要适用于变电站存在多回路进出线、传统的架空线形式受到空间限制的情况，典型应用如图 3-1 所示。

### 3.1.2 直埋安装

直埋安装是指直接将 GIL 管段埋设在土壤中。直埋敷设时，无需支架，但需在 GIL 铝合金外壳包绕起防腐和缓冲作用的沥青玻璃丝带。管道连接一般采用现场焊接，在焊接面外涂上最终覆盖层。GIL 直埋时，通常约每百米设充气、压力释放和密度监视装置井，主要适用于地势平坦、架空线路影响整体城市形象的情况，但受制于地形与布置方式，目前应用较少，如图 3-2 所示。

图 3-1　GIL 架空安装

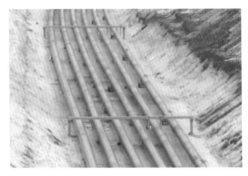

图 3-2　GIL 直埋安装

### 3.1.3　隧道安装

隧道安装是指将 GIL 管段安装在隧道中，GIL 隧道一般由区间隧道及工作井组成。GIL 隧道安装采用钢支架支撑，可水平布置、倾斜布置或垂直布置，壳体连接可采用现场焊接或法兰连接，无需采用防腐、防水措施，主要适用于险峻地形、架空线路无法架设的地区，是目前最常见的 GIL 安装方式之一。特别是在竖井中使用 GIL 比电缆更有优势，它具有尺寸小、接地安全、没有火险、端头压力很低、支撑结构简单、无伸长风险及机械强度高的优点。隧道安装典型结构如图 3-3 所示。

图 3-3　GIL 隧道安装

## 3.2　隧道技术

### 3.2.1　GIL 隧道分类

隧道有多种分类方法，按照隧道所处的地质条件可分为土质隧道和石质隧道；按照隧道的长度可分为短隧道（$L \leqslant 500\mathrm{m}$）、中长隧道（$500\mathrm{m} < L < 1000\mathrm{m}$）、长隧道（$1000 \leqslant L \leqslant 3000\mathrm{m}$）和特长隧道（$L > 3000\mathrm{m}$）；按照国际隧道协会（International Tunnelling Association，ITA）定义的隧道横断面积的大小划分标准，可分为极小断面隧道（$2 \sim 3\mathrm{m}^2$）、小断面隧道（$3 \sim 10\mathrm{m}^2$）、中等断面隧道（$10 \sim 50\mathrm{m}^2$）、大断面隧道（$50 \sim 100\mathrm{m}^2$）和特大断面隧道（大于 $100\mathrm{m}^2$）；按照隧道所在的位置分类可分为山岭隧道、水底隧道和城市隧道；按照隧道埋置的深度可分为浅埋隧道和深埋隧道；按照隧道的用途可分为交通隧道、水工隧道、市政隧道和矿山隧道。

对于采用隧道安装方式建设的 GIL 管廊，通常可分为陆域隧道和水域隧道。

### 3.2.1.1 陆域隧道

顾名思义，陆域隧道是指通过掘进支护方法直接建设于陆地地下的隧道。虽然隧道掘进支护方法已较成熟，但大多用于建造公路隧道，而 GIL 管道陆域隧道与其他行业陆域隧道在断面大小、断面形式及对支护的要求上有很大区别。由于公路陆域隧道与 GIL 管道陆域隧道要求比较接近，现就二者进行比较：

（1）隧道的横断面、纵断面、平曲线的要求不同。公路隧道为通行车辆服务，其宽度及高度受相连接的公路等级限制，最小宽度是双向单车道加两侧人行道，为 7.5m。由于跨度较大，侧壁多为曲墙式，而顶拱形式多为半圆拱。GIL 管道陆域隧道断面布置中，为便于巡检及抢修，垂直方向上管道多布置于底板以上 350mm 左右，以满足切管机工作空间要求；水平方向上管道多偏近一侧布置，近围岩一侧留有焊接操作宽度，一般外管壳体距围岩 600mm，远离围岩一侧留有运管道及人行道宽度，一般外管壳体距围岩 1500mm 即可。这样，GIL 管道陆域隧道净宽约为 3000mm。此宽度远远小于公路陆域隧道净宽，所以，GIL 管道陆域隧道侧壁多为直墙式。由于隧道净宽小，顶拱形式可采用 1/3 净宽的三心拱形式，以减少掘进工作量、提高空间利用率。纵断面方面，要求公路隧道内纵坡不小于 0.3%，且不大于 3%。不小于 0.3%，其目的为满足排水需要；而不大于 3%，其目的是使隧道通风良好，减少汽车排出废气中有害物质含量。GIL 管道陆域隧道也有排水要求，但无汽车废气造成的通风要求，所以，其纵坡在满足工艺要求的情况下，可以大于 3%。这使隧道标高的选择及进出口位置的选择具有更大的灵活性。公路隧道平曲线有具体要求，GIL 管道隧道则应无此要求，但为减少施工工作量，应以取直为好。

（2）衬砌及路面要求不同。出于考虑隧道内表面平整情况对汽车司机心理的影响，公路隧道衬砌内表面一般要求平整顺直且美观，路面作为公路隧道建设中心部分，其要求更加严格。

GIL 管道隧道衬砌则侧重于支护结构的整体稳定性、强度及耐久性。对内表面平整度要求不高，因此，当隧道围岩条件允许时，可采用喷射混凝土或锚喷作为永久支护。这样，既可减少支护工作量，也可加快施工速度。公路隧道对衬砌防水要求较严格，要求拱部、边墙不滴水，路面不冒水、不积水，汽车专用公路隧道拱部、墙部均不渗水。管道隧道中管道可以采用防腐措施，对隧道衬砌的防水功能可放松一些。一般认为，GIL 管道隧道衬砌的防水仅需满足隧道中渗漏水能从排水沟中排出，不使管托与隧道围岩短路即可。因此，对隧道衬砌的渗漏点进行引流，并做好衬砌壁后盲沟和隧道进出口截水沟即可满足要求。

（3）管道隧道有其特殊要求。由于管道隧道有保温和防盗要求，隧道洞口应设保温钢木门。隧道内应设 SF$_6$ 报警设备以防隧道内管道出现泄漏事故。当隧道内 SF$_6$ 出现泄漏时，应采取必要的应急措施以将事故的损失降到最低。

### 3.2.1.2 水底隧道

随着我国经济的蓬勃发展，推动了交通工程事业的蓬勃发展，国内许多跨江越海隧道工程应运而生。而在多轮论证之后，苏通 GIL 管廊工程在跨越长江时选择了跨江隧道方式。

（1）水底隧道与架空线路的比较。

1）水底隧道通常采用隧道盾构法施工。隧道盾构法施工的造价比架空线高出许多。大体言之，修建隧道采用盾构法施工要比架空线的造价高出约 15%，此外，隧道在日后长期运营期间，全天候的通风和照明等费用也十分可观。

但当架空线路跨江、跨湖或跨海时，跨度非常大，不仅施工难度大，而且江（湖、海）中的架空线路耗资会十分昂贵，其造价不一定比修建隧道低。特别是当跨度非常大时，江（湖、海）中的杆塔会十分庞大，严重影响江（湖、海）中的通航安全。

2）特长水下隧道的运营通风问题是影响其建设的重大制约因素。

3）大家普遍认为与架空线路相比，水下隧道施工不确定的风险因素大。实际上，无论是盾构法、沉管法施工，还是钻爆法施工，技术上均已臻成熟，施工风险已经降到最低。

（2）水下建隧的技术优势。

1）海港大城市中心城区的江河下游河段，由于水上通航净空的要求一般很高，使架空线路的跨度和高度都很大，而市区房屋密集，均使工程的动拆量也会十分巨大。

2）隧道较少影响生态环境，维护环保。

3）隧道不受（或极少受）恶劣气象、地震灾害或不利的江床水文、浅部地层软弱破碎不良地质条件的制约。

4）隧道抗震、隐蔽性好。

5）建桥受自然或人为条件制约且难以克服的场合，往往不得不改建隧道。

6）江（海）床内如建造过多杆塔，则对河工、水文、航运等造成的不利影响过大。

（3）水下建隧的困难。以苏通 GIL 综合管廊工程为例，水下隧道建设遇到的困难主要包括：

1）长江下游地域不适合修建沉管隧道越江，主要由于长江下游段的江床泥砂迁移使主槽位置深泓摆动，冲淤活动频繁而又交替反复，导致江床河势变迁大、冲刷深度大而影响沉管埋深，以及隧位局部冲刷的防护工程量大而又不够奏效。

2）长江隧道主江床内（特别在航道内）深水风井构筑难度大，通航频繁江段在井周布设警示防撞标志也难以征得航道和港务、航运有关方面的认可。

3）特长隧道一般都存在运营通风、防灾救援、专设故障车道等方面的许多难题。

4）水下隧道易受到江水、海水的腐蚀，从而威胁到工程质量，带来安全隐患。

（4）水底隧道建造的注意事项：

1）避开富水性的地层，如第四纪地层、全风化地层以及风化囊地层等。根据地质条件，尽可能地在不透水层中通过。

2）根据地质条件合理确定最小顶板厚度。

3）加强排水设计。由于隧道的纵断面是凹形的，通畅的排水是异常重要的。隧道排水设计应充分利用坑道的有利条件，必须设置有充分排水能力的排水设备。

4）提高隧道结构物抗腐蚀的性能。

## 3.2.2  隧道结构

### 3.2.2.1  隧道主要结构形式

根据隧道的施工工法和地质情况，隧道主要结构形式一般有半衬砌结构、厚拱薄墙衬砌结构、直墙拱形衬砌结构、曲墙衬砌结构、复合衬砌结构、连拱隧道结构。

半衬砌结构：一般建设场地的地层为坚硬岩层，侧壁无坍塌危险，仅顶部岩石可能有局部滑落时，可仅设顶部衬砌，不做边墙。

厚拱薄墙衬砌结构：一般应用在中硬岩层中，拱顶所受的力可通过拱脚大部分传给岩体，充分利用岩石的强度，使边墙所受的力大为减小，从而减小边墙的厚度。

直墙拱形衬砌结构：该种隧道的整体性与受力性能好，但防水防潮困难，施工时超挖量大，同时不易检修。

曲墙衬砌结构：一般应用在岩性很差的岩层中，由于岩体松散易坍塌，衬砌结构一般由拱圈、曲线形侧墙和仰拱形成底板组成。该种形式的隧道结构受力性能好，但施工要求高。

复合衬砌结构：该种隧道结构一般由初期支护和二次支护组成，其防水要求高。

连拱隧道结构：适用于中小型隧道。

### 3.2.2.2　GIL 对隧道结构的特殊要求

GIL 是金属封闭刚性管线，整体采用焊接或法兰螺栓连接，局部根据需要设置伸缩节。为了保证 GIL 整体加工精度、密封性能和可靠性，减少非标准段和伸缩节的数量，隧道结构的要求有：①隧道线位在平、纵断面上尽量减少弧线段；②坡度不宜过大；③采取必要的措施，尽量减少不均匀沉降量。

### 3.2.3　GIL 隧道辅助设施

GIL 隧道既具备常规电力电缆隧道特点，又有着因 GIL 设备特殊性而具备的特殊要求。本小节结合工程实际针对 GIL 隧道在通风、排水、通信等方面的特殊设计要求进行介绍，为 GIL 隧道的推广应用提供更多的借鉴。

### 3.2.3.1　通风

GIL 隧道通风主要考虑排热、事故和巡视三个工况。

排热工况时，GIL 隧道内设备发热量较大，固定的发热源会提升隧道内部温度，过高的内部环境温度会危害 GIL 设备长期稳定运行。通过通风降温手段可以满足隧道内设备运行环境温度要求，使 GIL 设备长期可靠安全运行。

事故工况时，可能会有多种事故情况发生，常见的事故是 GIL 管道内 $SF_6$ 气体泄漏，危害运行人员安全，需要迅速通过通风系统将 $SF_6$ 气体排除至室外，以便在最短时间内满足人员进入抢修要求。

巡视工况时，当运行人员进入隧道内时，内部空气品质需满足人员安全要求。平时机器人进行隧道内巡视，当人员进入隧道时需进行通风，以保证内部有足够的氧气并排除可能存在的有害气体。

因此，GIL 隧道通风设计需满足设备运行安全与运行人员安全。设计输入条件应考虑 GIL 设备发热量、当地室外通风计算温度、隧道周围土壤温度、隧道几何尺寸等因素。

### 3.2.3.2 排水及消防

（1）排水。当 GIL 管廊发生渗漏，水排入两侧纵向排水沟内，排水沟坡度与 GIL 管廊坡度相同，且 GIL 管廊内部结构板坡向排水沟。最终渗漏水汇聚到排水泵站的集水池中。在 GIL 管廊底部及中部（如需）设置排水泵站，通过潜水排污泵将上述渗漏水排除。

管廊内排水泵站设置集水池，排水泵站的集水池内配置潜污泵 2 台，一用一备，也可同时启动。

（2）消防。纯净的 $SF_6$ 气体无色、无味、无臭、不燃，在常温下化学性能稳定，属惰性气体，所以管廊本体及其中 GIL 管道在物理及化学性能上是不可燃的。因此，GIL 管廊的 GIL 设备区域不考虑设置水消防和自动灭火装置，管廊中的配电柜集中区域、电缆集中处、电缆竖井内及电缆交叉处考虑设置悬挂式超细干粉自动灭火装置。

GIL 管廊内考虑设置移动式灭火设施。按 GB 50140—2005《建筑灭火器配置设计规范》及 DL 5027—2015《电力设备典型消防规程》的要求，设置不同类型的移动式灭火器。该设施以手提式或推车式干粉灭火器作为灭火手段，当确切的火灾信息传来后或现场发现火情，人工打开干粉灭火器，手动扑灭火灾。GIL 管廊内，应将灭火器每隔一定距离分别成组设置，并于明显和便于取用的地点设灭火器箱，要求规范安置，有明显标记和说明。灭火器箱安设不得影响交通和安全疏散。每组灭火器箱内不得少于 2 具灭火器，也不得多于 5 具，每组灭火器箱的设置间距最大不超过灭火器的最大保护距离。

在 GIL 管廊出入口处及每隔一定距离配置正压式消防空气呼吸器和防毒面具。正压式消防空气呼吸器应放置在专用设备柜内，柜体应为红色并固定设置标志牌。

### 3.2.3.3 通信

GIL 隧道的通信，不仅需考虑 GIL 作为一段电力线需满足电力线运行调度的通信信息需求，还应考虑在特定的隧道空间内运行检修人员的综合通信需求和不同建设阶段、GIL 电气安装调试人员的临时通信需求。

GIL 隧道内日常巡检以机器人为主，检修时专业人员应下至隧道内进行相应的巡视和操作，现场发现故障应及时向相关引接站侧或者两侧变电站调度值班人员进行汇报，因此管廊内应部署调度电话。在 GIL 调试期间，管廊内人员对外通话以常规内线行政电话为主，因此隧道内电话应具备拨打行政电话的功能。隧道内、引接站/特高压站应同时具备快速短号拨号和日常长号拨号功能，因此应将两端引接站及 GIL 管廊内的电话作为一个整体交换网络来部署。为了满足巡检人员的日常巡检，调度电话应具备录音功能。引接站两侧至 GIL 隧道内应能够实现电话快速定位拨号，并具备调度指挥功能，因此两端引接站应配置相应调度台。当 GIL 隧道长度≥5km 时，应设置事故报警电话，结合不同工程实际情况，可考虑采用音频电缆部署专用有线调度通信电话兼做事故报警电话的方案。

为满足 GIL 隧道内巡检人员、GIL 运载车辆、引接站地面人员之间灵活的通信联络需求，GIL 隧道内应部署无线综合通信系统，覆盖两端引接站/两侧变电站及 GIL 隧道。该系统需提供隧道内部各工作点之间的无线对讲及移动通信手段，同时应按照公共消防通信覆盖要求，需在一侧设置一套消防无线信号引入系统，提供紧急情况下隧道内消防人员之间以及消防人员与消防中心之间的通信。隧道工程建设应实现消防无线通信系统的引入和覆盖，消防无线信号引入系统是对其地面信号的延伸，设备制式与工作频段应符合所属地区设置。

### 3.2.3.4 防 $SF_6$ 气体聚集

GIL 隧道是一条基本封闭的隧道，平时人员出入较少。而 GIL 设备内充满了大量的 $SF_6$ 气体，存在 $SF_6$ 气体泄漏的可能性。由于 $SF_6$ 气体密度较大，约为空气密度 5 倍，如发生泄漏，会沉积于隧道底部。另外，可能会有隧道外部的沼气等有害气体渗透进来。这些气体对隧道内的光纤、电缆等材料有腐蚀作用，从而加快其老化，又会促进更多的有害气体产生，形成恶性循环。$SF_6$ 气体的积聚还会导致氧气含量下降。

$SF_6$ 气体泄漏可分年泄漏情况和事故泄漏情况。年泄漏量较小，可要求制造厂满足万分之一的泄漏量；事故泄漏量考虑一个气室发生事故全部泄漏，一次泄漏量需考虑 GIL 管道内的压力情况。根据 GBZ 2.1《工作场所有害因素职业接触限值 第 1 部分：化学有害因素》及 GB/T 8905《六氟化硫电气设备中气体管理和检测导则》，隧道内 $SF_6$ 气体最大允许浓度控制值为 $1000\mu L/L$。

年泄漏情况中，平时泄漏量较少，无法达到报警状态，泄漏的 $SF_6$ 会慢慢沉积于隧道最低点，因此需要通过底部报警或定时通风来排除隧道内年泄漏的 $SF_6$ 气体。事故泄漏时，一次泄漏量将触发 $SF_6$ 报警系统，通过通风系统迅速将 $SF_6$ 气体排出室外。

由于 $SF_6$ 气体密度较大，仅通过隧道本身通风系统可能会无法将全部 $SF_6$ 气体排除隧道外，因此建议采用隧道通风系统与 $SF_6$ 专用排风系统相结合的方式进行 $SF_6$ 排除通风。当主通道处于高风速下，泄漏的 $SF_6$ 气体大部分将由主通道通风系统排除，小部分由 $SF_6$ 专用排风系统排除。但当主通道处于低风速下，大部分 $SF_6$ 气体将无法被主通道通风系统排除，在主通道通风系统开至最大的过程中，$SF_6$ 专用排风系统将负责 $SF_6$ 气体的排除。当监测到 $SF_6$ 气体泄漏时，将主通道风机开至最大风速，同时开启泄漏区域附近 $SF_6$ 专用排风系统的风口，保证 $SF_6$ 气体在最短时间内排出。主通道通风系统将 $SF_6$ 带至工作井中后，需考虑工作井结构构造是否可将气体带至地面，可考虑增加工作井 $SF_6$ 排风系统以有效排出 $SF_6$ 气体。

### 3.2.3.5　配电系统设计

长距离隧道中，低压负荷具有供电线路长、用电设备多且分布分散的特点。常用隧道供电方案有以下两种：

（1）隧道全线利用 380V 直接供电。为满足末端负荷压降，具有供电线路截面大，供电线路多的特点。

（2）利用 35/10kV 高压供电，在隧道内分区域设置降压变压器（35/0.4kV、10/0.4kV 变压器）。供电线路较为清晰，但同时需考虑对隧道内消防设计、隧道结构等的影响。

根据 GIL 设备布置方案，隧道预留巡视通道断面尺寸受限，同时考虑到减少消防系统设计和降低通风设计难度，隧道内不具备分区域布置降压变压器（35/0.4kV、10/0.4kV 变压器）的条件，因此 GIL 隧道内的负荷供电优先建议采用低压直接供电方式。

隧道距离较长时，低压长距离直接供电导致的电压降落更为显著，为控制末端负荷压降，长距离 GIL 隧道可考虑双端供电方式，每端提供一个供电电源点，各负责其中一段 GIL 隧道内的负荷供电。

隧道内用电设备多，分布较分散，根据电气设备用途和重要性，可结合电缆隧道设计规范及变电站站用电设计规程，并考虑到 GIL 隧道对用电可靠性的特殊要求，采用换算系数法确定隧道内的设计负荷并选取合理容量的配电变压器。

工程设计中，应结合负荷分布特点，合理划分集中供电区域，每个区域中心布置集中供配电箱，同时根据各供电区域负荷分配情况，集中布置 1～2 个配电箱，分散负荷就近从集中供配电箱引接电源。配电箱均双电源供电以保证隧道内供电可靠性。

## 3.2.4 苏通 GIL 综合管廊工程隧道技术特点

### 3.2.4.1 通风和防 $SF_6$ 气体聚集

苏通 GIL 综合管廊工程隧道长度较长、规模较大，GIL 发热量大，且位于江底，不具备自然通风条件。因此，隧道需采用机械通风方案。同时，由于该工程为单洞 GIL 隧道，江中无法增加中间风井，不具备通风区段划分条件，因此采用隧道两端工作井设置送排风机一送一排通风方式。

通风工况分排热工况、事故工况和巡视工况。隧道内 GIL 主通道平时发热量较大，需要通风降温；GIL 管道内有 $SF_6$ 气体，泄漏时对人体有危害，需要迅速排除；预留电缆通道本期按巡视通道设置，平时隧道内机器人巡视，当人员进入隧道时空气品质须满足人员安全要求。

（1）排热工况。隧道内 GIL 主通道平时发热量较大，需通过设置于两岸工作井内的大型轴流风机通风进行排热，GIL 管道发热量将根据载流量不同而不同，波动较大，因此风机开启大小将根据内部温度不同而不同。

GIL 主通道部分按 GIL 载流量 3150A 时的排热量作为设计工况确定通风量，校验事故工况满足 1.5h 进人要求。

排热工况下风机采用自动控制方式运行，不同 GIL 载流量下的风机控制将根据隧道内温度不同而采取不同控制策略。风机应能切换至手动控制，方便运行人员灵活控制。

平时运行时不需要射流风机。综合考虑建议轴流风机采用单向风机，通风方向由南岸进风北岸排风。

（2）事故工况。隧道内主要事故工况为 GIL 发生 $SF_6$ 泄漏事故。事故发生时，1 个气室的 GIL 管道将泄漏 $SF_6$ 气体，泄漏量不超过 $350m^3$，一回 GIL 将停运，隧道内理论最大发热量将出现在这种情况下。

该工程采用两套系统以保证 $SF_6$ 气体的排出，一套系统为主通道通风系统，发生事故时将两岸共 6 台风机全部投入运行，隧道内断面风速达到最大，将 $SF_6$ 气体带至北岸工作井并排出室外。另一套系统是 $SF_6$ 专用排风系统，在隧道地面隔板上每隔 100m 设置一对排风口，通过隧道最下腔 $SF_6$ 排风通道将 $SF_6$ 气体排除，风机设置于工作井内，隧道内每个风口处设置密闭阀门，平时关闭，收到报警信号后开启泄漏点附近风阀。

当发生 $SF_6$ 泄漏事故时，接到报警信号，将主通道大型轴流风机全部开启，同时开启泄漏点附近 2 对风口，将隧道内 $SF_6$ 气体排至报警浓度 $1000\mu L/L$ 以下。$SF_6$ 气体被排至工作井后，由于风道结构局限，通过主通道的风机难以将 $SF_6$ 气体带至地面以上，通过 $SF_6$ 专用排风系统将 $SF_6$ 气体排除。

（3）巡视工况。隧道内平时运行人员进入时需满足隧道内空气品质，在运行人员进入前，提前开启主通道 1 台风机、下部巡视通道开启 1 台风机，人员进入后并保持开启状态。隧道内长期采用机器人巡视，运行人员可能会间隔较长时间才会进入隧道，因此设置风机定期自动开启，暂定每周定期开启一次。

（4）防排烟。隧道内不考虑火灾发生时的排烟工况，只考虑火灾扑灭后的灾后排烟，隧道中间不设置隔断。考虑两岸大型轴流风机是灾后排烟的唯一通风形式，因此风机应满足排除烟气的高温要求。风机应与火灾报警系统连锁，发生火灾时收到火灾报警信号关闭所有风机。

两岸建筑物内楼梯间及合用前室采用机械加压送风防烟系统。

### 3.2.4.2 排水

GIL 管廊上腔左、右两侧排水沟通过地漏及明敷 PVC 排水管与 GIL 管廊下腔左、右两侧排水沟相连，此处 GIL 管廊下腔左、右两侧排水沟通过坡度 $i$ ＝0.01，暗敷 PVC 排水管与 GIL 管廊下腔巡视通道中间排水沟相连。自管廊最低点开始，每隔 500m 设置上述 PVC 排水沟连接管。在管廊最低点 $SF_6$ 排风腔的底部采用 PVC 排水管与 GIL 管廊最低点排水泵站相连。示意图如图 3－4所示。

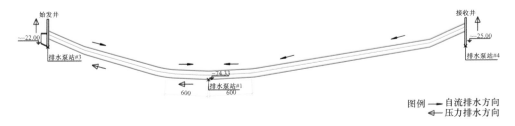

图 3－4　管廊排水泵站示意图

根据隧道结构专业提供的资料，整条 GIL 管廊的渗水量每天不超过 $30m^3$。考虑在管廊最低点设置排水泵站，排水泵站包括总容积不小于 $10m^3$ 的集水池，池长约 5m，集水池截面充分利用底部口型构件，其深度为 1.2m，宽度为 2.5m。排水泵站的集水池内配置潜污泵 2 台，一用一备，也可同时启动，水统一收集后加压排入工作井底部的排水泵站集水池内。排水系统剖面图如图 3－5所示。

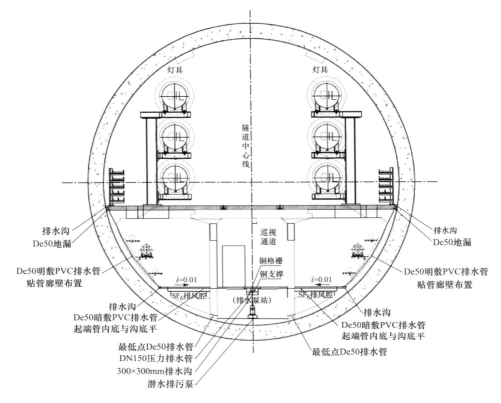

图 3-5　管廊排水系统剖面图

### 3.2.4.3　消防

　　由于 GIL 管廊上腔中仅有 GIL 管道及部分 A 级阻燃电缆等，故管廊本体及其中 GIL 管道与附属设备在物理及化学性能上是不可燃的，参考电力隧道工程，在布置众多高电压等级电缆的情况下也仅设置了移动式消防设施，故该工程上部 GIL 区域未设置自动灭火装置。

　　GIL 管廊下腔中部巡视通道的配电柜集中区域考虑设置悬挂式超细干粉自动灭火装置，规格 2.5kg/具，保护体积 29m³/具，感温自启动；电缆竖井内及电缆交叉处设悬挂式超细干粉自动灭火装置，规格 8kg/具，保护体积 95m³/具，感温自启动。GIL 管廊下腔两侧电缆通道在远景敷设电缆后也考虑设置悬挂式超细干粉自动灭火装置。

　　悬挂式超细干粉灭火装置的技术要求如下：

　　（1）超细干粉颗粒粒径：按 GA 578—2005《超细干粉灭火剂》标准名格式要求，干粉颗粒粒径 90％以上不超过 20μm。

（2）灭火装置自带感温自启装置，启动方式可分为：单独无外源自发启动、若干具无外源自发联动启动、手动启动、与火灾报警系统联动启动，并可反馈启动信号。

（3）启动电流（DC）：≥1000mA、安全检测电流≤150mA；使用环境温度：－40～＋50℃；自动启动温度：（70±5）℃。

### 3.2.4.4　通信

苏通 GIL 综合管廊工程 6km 长、直径为 11.6m 大型管廊，为电力专用隧道，地下管廊部分分为 GIL 上腔体和预留电缆通道、逃生通道上下两层，总体上采用专用有线通信和综合无线通信相结合的方式。

根据规范要求，一般 5km 及以上隧道的大避车洞内应设事故报警电话，则该工程采用音频电缆，部署专用有线调度通信电话，可兼作事故报警电话，部署间隔距离不少于 200m。南、北岸引接站配置调度台，相应调度电话具备录音功能，引接站两侧具备至 GIL 管廊内相应位置的电话进行快速定位拨号和一定有线调度通信指挥功能。管廊内每隔 100m 可随检修箱设置一路电话，同时通过并线方式接至 GIL 上腔体的应急通信电话，上下两个腔体采用平行布置的方式，满足 GIL 管廊内运行人员的日常通信需求及其逃生应急通信需求。本次苏通 GIL 管廊工程专用有线电话网络组网如图 3-6 所示。

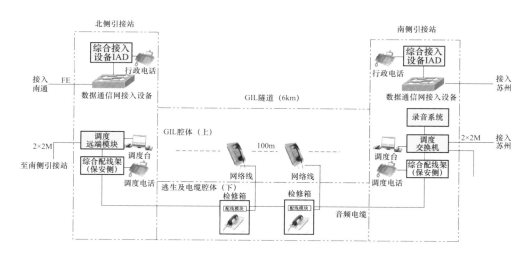

图 3-6　专用有线电话组网示意图

为满足 GIL 管廊内巡检人员、GIL 运载车辆、引接站地面人员之间灵活的通信联络需求，GIL 管廊内应部署无线综合通信系统，覆盖南北侧始发井及 GIL

管廊，该系统需提供管廊内部各工作点之间的无线对讲及移动通信手段，同时应按照公共消防通信覆盖要求，需在一侧设置一套消防无线信号引入系统，提供紧急情况下隧道内消防人员之间以及消防人员与消防中心之间的通信。GIL 管廊上腔体的直径为 5m，而下腔体直径不足 3m，因此上腔体采用板状定向天线具有一定优势，但是下腔体由于空间直径不到 3m，则采用板状定向天线配置的光纤直放站较多。该工程为了运行维护方便，在 GIL 管廊内上下两个腔体均采"用光纤直放站＋泄漏电缆"的覆盖方式。GIL 管廊引接站及其管廊内综合无线覆盖如图 3-7 所示。

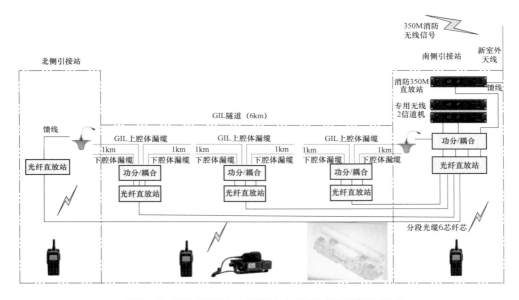

图 3-7  GIL 引接站及管廊综合无线覆盖方案示意图

### 3.2.4.5  配电系统

受压降限制，该工程现阶段考虑双端供电方式，每端地面引接站为一个供电电源点，负责其中一段 GIL 管廊内的负荷供电，管廊内部不设置降压变压器。

南岸就近引接 35kV 电源，一回为站外 220kV 变电站引接，长度约为 1.6km 的电缆，另一回为站外 220kV 变电站引接，长度约为 7.6km 的电缆与 2.3km 的架空线的组合。北岸就近引接一回 20kV 和一回 10kV 站外电源，20kV 电源由站外 220kV 变电站引接，长度约为 2.65km 电缆，10kV 电源由站外 110kV 变电站引接，长度约为 7.86km 电缆。

站用变压器容量选择为 2500kVA。35kV 变压器选择无励磁调压变压器，调压范围为 35(-2~+2)×2.5％/0.4kV；20kV 变压器选择无励磁调压变压器，调压范围为 20(-2~+2)×2.5％/0.4kV；10kV 变压器选择无励磁调压变压器，调压范围为 10(-2~+2)×2.5％/0.4kV。

380V 站用电母线采用单母线分段接线方式，站外电源通过电缆引入，经开关柜和站用变压器降压后分别接入两段 380V 母线。每台变压器各带一段母线，同时带电分列运行。任何一回工作电源故障失电时，分段开关投入，由一台变压器带全部负荷。重要回路双回路供电，全容量备用。

站用电低压系统采用 T－N 系统，中性点直接接地，系统额定电压 380/220V。

与一般变电站相比，该工程用电设备多且布置分散，并且由于 GIL 管廊较长，末端用电设备压降较为显著且末端单相短路电流小，整定保护困难。考虑到管廊内空间较为紧张，不适宜再增设降压变压器。因此，需要合理分配配电回路并适当增加电缆截面以减小压降。

以管廊纵向长度中心为分界点，南段由南岸引接站的站用电系统供电，北段由北岸引接站的站用电系统供电。结合射流风机的设置间距，每边设置 6 个配电集中区域，第一个配电区域距离管廊物理中心分界点 250m，以后间隔约 500m 布置，风机配电箱、照明配电箱、UPS 电源柜、EPS 电源柜和检修箱等集中布置。

## 3.3 安装工艺

### 3.3.1 GIL 运输、存储及倒运

#### 3.3.1.1 GIL 运输

GIL 通常是将几根母线段成套包装进行运输的。将单个母线段连接在一起，形成一个集装箱大小的一束，然后用 4 个钢质连杆和槽钢将片段束捆扎在一起。每束提供了连接到连杆顶部的吊环，可以使用长钢丝绳将片段束从货车上卸载下。此包装运输方式若只使用一台吊车装卸，则存在连杆或槽钢划伤母线外壳的风险，在操作时应注意。

#### 3.3.1.2 GIL 存储

母线段需堆放在一个坚固地面上，下方使用垫块，使其离地面以上达到 75mm。注意严禁挤压外壳，以防对内部构件造成损坏。母线存放一般无防风雨

要求。

母线段在运输时填充了干燥氮气。卸载后需进行检查，以验证运输过程中的氮气压力是否有损失。必要时重新填充 30～50kPa 的氮气。如果母线的储存时间延长，则需要定期检查，以确保维持母线段内的气压。如果发现母线段内为低气压或无气压，则需要重新填充氮气，然后找出泄漏原因并进行维修。

### 3.3.1.3 GIL 倒运

当遭受碰撞时，母线外壳和内部构件都可能会损坏。母线段在进行储存、移动和安装时都要保持顶部朝上，否则内部构件就可能被损坏。在每个母线段的顶部靠近固定绝缘子附近的位置上都标注了母线段序号，如图 3-8 所示。

## 3.3.2 GIL 安装

由于 GIL 是一种由刚性部件组合成的电

图 3-8 带有母线段序号的 GIL 段

力设备，在工厂将各个单元制造、试验之后，封装打包，运输至工地后仍是半成品。GIL 的可靠性一定程度上取决于安装。GIL 现场安装主要包括密封端面清洁、法兰螺栓连接、充气进行漏气检查、抽真空和充气至额定气压、耐压试验等工序。

### 3.3.2.1 现场准备

安装现场必须是土建工程已经完工，具备安装条件，并且地面要平整、清洁、无尘土。安装工具及耗材等物资齐全、合格。现场必须具有抽真空用的真空泵或充气与回收装置、高纯度氮气及其他清洁零部件和密封面的清洁用品。安装时主要对环境的湿度和洁净度做好控制。

制订安装工作计划，并根据计划进度做好消耗性材料的准备，这样才能使工作顺利有序进行，否则容易使安装工程在实施过程中出现差错。一般情况一个工作面5～6人，一天可以安装7～8节。如果是在雨季，要考虑到暴雨、台风、雷暴等恶劣天气的影响。母线的倒运工作要与安装相互配合协调，必须按安装顺序倒运。因为廊道空间狭窄，而且母线安装前支架已经固定，所以安装过程是先安装两相，比如 A、B 相或是 B、C 相，这样当两相安装到支架上后，再进行第三相母线的倒运、安装。母线运进廊道内时，应注意母线的方向。

#### 3.3.2.2 安装方式

GIL 安装主要包括 GIL 对接方式、垂直段母线安装、斜井段母线安装、水平段母线安装及零部件安装。

（1）对接方式。GIL 对接方式分为焊接连接和法兰连接，在采用焊接连接时，将母线吊至焊接平台位置，焊接前使用工装将上下段母线分别固定对中；安装焊接轨道，再使用刮刀清理上、下节母管焊接面，去除表面氧化铝，检查导体、绝缘子表面清洁度，在导体上涂抹润滑脂；提升下节母管，保护环刚好接触上节母管，用加热环加热上节母管外壳至 180℃ 使其膨胀，使焊接环卡入上节母管，安装、调整焊接机械臂，进行焊接，如图 3-9 所示，焊接结束后对母管焊缝进行探伤检测。

（a）                              （b）

图 3-9　焊缝焊接与焊缝探伤

（a）焊缝焊接；（b）探伤装置

现场焊接的优点是可以减少漏气点，运行可靠性高；缺点是现场安装工作量大、时间长，质量不易控制，发生故障不容易更换。与焊接方式相比，法兰连接方式具有现场工作量小、质量容易控制、安装时间短等优点，但存在发生漏气的可能。

由于壳体采用焊接连接属于永久性连接，在 GIL 内部出现故障的情况下，检修过程复杂，所需修复时间长，不利于 GIL 设备的运维检修。所以，下文以采用法兰连接的壳体安装结构为例进行介绍。

图 3-10　清洁法兰表面

采用法兰连接时，首先使用干净的抹布与丙酮清洁法兰表面、法兰周围到装运盖密封的区域及法兰附近的外壳表面，如图 3-10 所示。然后，打开母线端盖，检查绝缘子表面导体、母筒内壁及螺栓连接孔等有无污迹或污垢迹象，用吸尘器与无绒布对导体、母线筒内壁及螺栓连接孔等有污迹或污垢处进行彻底清理，如图 3-11 所示。随后，在两个准备连接的母线段末端开始安装"O"型密封圈。在新的"O"型圈上薄薄涂抹一层润滑油，然后将润滑油均匀涂抹在"O"型圈槽的表面，直至完全覆盖为止。最后，法兰面对接时，在对称的四个螺栓孔中插入螺杆，使母线对接时，螺杆应转动灵活无卡死，清洁后进行封包防尘，如图 3-12 所示。

（a） （b）

图 3-11 清洁搭接面

（a）无绒布清洁；（b）吸尘器清洁

（a） （b）

图 3-12 搭接面安装及防尘措施

（a）固定、检查螺杆；（b）搭接面封包防尘

（2）垂直段安装。目前，国内外各 GIL 制造厂家对垂直段母线安装主要采用吊车、夹环配合与吊车导链配合等方式。

1）吊车、夹环配合安装。GIL 垂直段母线采用吊车、夹环配合安装时，安装前在竖井中沿 GIL 的敷设方向设置贯通整个竖井的导轨，竖井顶部须有两台移动吊车，以垂直敷设的形态为 40m 为例，该吊车的起吊重量应为不小于 10t。安装时采用 GIL 由竖井上部逐段安装的方式。具体过程见图 3-13。首先，检查形态 1 内部清洁，盖上保护用盖板；吊起形态 1，置于安装平台外侧的专用夹环上；清理形态 2，将形态 2 吊至与形态 1 连接的位置，再次清理后连接形态 1、2；松开夹环，降下形态 1、2 整体至夹紧位置再次将形态夹紧；重复上述步骤，连接形态 3 与形态 2；吊起连接好的 3 节母线，使用吊车和导轨将母线下降至与隧道内单元的连接位置，再次清理、检查后进行连接；最后，连接竖直部分的支架，完成安装。

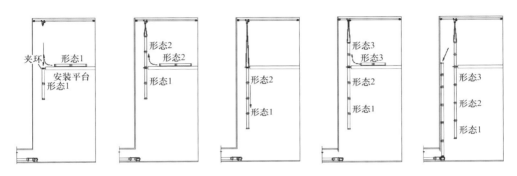

图 3-13 西开电气 1100 kV GIL 在垂直的竖井内安装

2）吊车、导链配合安装。拉西瓦水电站 800kV GIL 垂直段母线采用吊车配合导链安装，安装采用两个单独的操作程序，即"预装配"与"法兰对接"，两者可以同时进行，采用从下至上逐段安装。安装时，首先在位于垂直轴顶部平台的预装配站装配 3 个母线段，然后下降到工作平台处，将母线转移至防震支架上进行连接安装。安装现场如图 3-14 所示。

溪洛渡水电站 550kV GIL 垂直段母线同样采用吊车、导链配合安装，其区别在于通过焊接方式进行外壳连接。安装时，首先利用 2.5t 吊车将待装母线吊至焊接平台，焊接完成后，利用 20t 吊车将母线段整体向上提升，自上而下安装，直至底部最后一段 GIL 焊接完成，如图 3-15 所

图 3-14 拉西瓦水电站 800kV GIL
垂直段 GIL 吊装与连接现场

示。现场安装如图 3-16 所示。

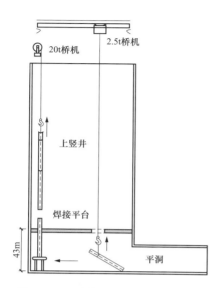

图 3-15 溪洛渡水电站 550kV GIL
垂直段 GIL 安装

图 3-16 溪洛渡水电站 550kV GIL
垂直段 GIL 安装现场

（3）斜井段安装。由于是非垂直段，安装难度较大。采用以下方法：用一台 50t 汽车吊同时使用大、小钩将母线段先吊转成垂直方向，再利用大钩缓慢将母线放入斜井内。靠近斜井底部时用两个手拉葫芦在母线顶端，下部用一个倒链固定，微调倒链，将母线段在斜井底部与事先安装好的母线段（用倒链做微调）对接［图 3-17（a）～（f）］。吊装前用木板将底部法兰做好保护［图 3-17（g）］。

（4）水平廊道内安装。目前，国内外各 GIL 制造厂家对水平段母线安装主要采用轨道式小车、智能安装车以及叉车、导链配合等安装方式。

1）轨道式小车安装。1100kV GIL 在水平的隧道中敷设时，可采用轨道式小车运输和安装的方式，隧道内需先预设好两组四条轨道，以便于管道母线的运输车和安装车通行。安装时，分别使用管道母线运输车和安装车来进行管道母线的运输和安装，运输车和安装车的示意图如图 3-18 和图 3-19 所示。运输车和安装车上配置有车上轨道和转运小车，以实现将母线从运输车转移至安装车的功能，母线倒运具体过程如图 3-20 所示。安装车上还需配置有可升降、伸缩的液压臂，以便将母线抬升或降低至所需高度，液压臂的抬升高度需满足最高相母线的安装。

（a）　　　　　　　（b）　　　　　　　（c）　　　　　　　（d）

图 3－17　斜井段安装示意图

（a）吊运 GIL；（b）吊转成垂直方向；（c）放入斜井内；（d）顶部手拉葫芦微调；（e）底部倒链固定；

（f）对接；（g）保护底部法兰

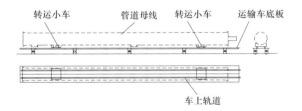

图 3－18　1100kV GIL 运输车示意图

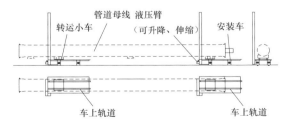

图 3－19　1100kV GIL 安装车示意图

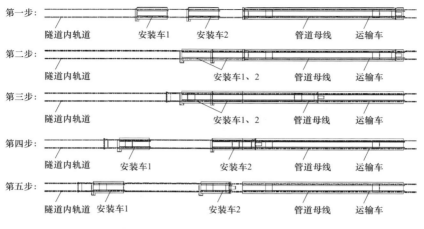

图 3-20　1100kV GIL 母线倒运过程

2）智能安装车安装。1100kV GIL 水平段母线在隧道内部现场安装时，也可以使用 GIL 轨道专用智能安装车进行，由 PLC 控制。托架可两台同步或独立工作，具有激光对孔，前后、左右、上下、全周 360°移动调节，PLC 同步控制，360°角度旋转的特点，如图 3-21 所示。智能安装车可在轨道上高/低运行，亦可实现毫米级微调，完成 GIL 对接过程的全封闭、无吊车操作，以节省人力成本并可有效提高装配精度。

（a）　　　　　　　　　　　（b）

图 3-21　智能安装车
（a）模型图；（b）实物图

3）叉车、导链配合安装。拉西瓦水电站 800 kV GIL 水平段采用叉车和导链相配合进行吊装，首先在将要安装的母线段两端的正上方各打上两个挂钩（共四个），然后用液压叉车将母线段运至安装部位，用 2 号导链将母线段拉至安装高度，再用 1 号导链将设备调整安装到位，如图 3-22 所示，先安装 A 相，再安装

B、C 相，安装现场如图 3-22 所示。

图 3-22 拉西瓦水电站 800kV GIL 安装现场

（5）零部件安装。对于部分无法进行母线预组装的零部件，如导体、盆式绝缘子等，必须在导体与母线运至工地后进行单独拆装。

拉西瓦水电站 800 kV GIL 在进行导体安装前在防尘棚内要将导体水平放置在木平台（加垫不起毛的橡皮）上，进行全面检查，检查导体表面无毛刺，无划痕；随后，采用丙酮（或酒精）与无纺布清洁表面，戴医用橡皮手套将短导体直接插入安装，长导体借助小车插入安装，如图 3-23 所示。

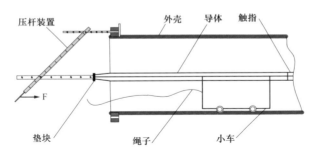

图 3-23 导体安装

水平段盆式绝缘子安装，安装前在防尘棚内要将盆式绝缘子放置在木平台（加垫不起毛的橡皮）上，全面检查绝缘子，要无裂痕、无破损；随后，用丙酮（或酒精）与无纺布清洁表面，然后用人工手托到安装部位，将导体全插入盆式绝缘子内，当完成确认导体已插入盆式绝缘子内后在两链接法兰面间隙内取出导体吊带，并用定位绳定位，再使用专用工具按规定力矩将其固定，如图 3-24 所示。水平与垂直交叉段设备安装时，在垂直段底部使用液压系统将母线顶起并调整支撑件的垫板厚度，以达到正确的安装高度，再对接水平段设备，水平与垂直交叉段液压装置安装如图 3-24 所示。

安装热膨胀补偿波纹管有以下三个步骤：

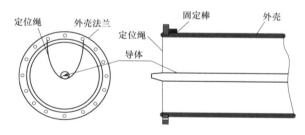

图 3-24　盆式绝缘子安装

第一步：检查固定支架间的测量距离和底座图上的计算距离间的误差，该误差必须在波纹管安装允许的误差范围之内。如果测量的尺寸在误差允许范围内，就可以安装母线段和波纹管。用连杆来伸长或缩短波纹管至安装所需的长度（见图 3-25），之后用力矩扳手将螺栓扭转至说明书所规定的力矩。如果底座的位置不在波纹管调整的允许范围之内，就必须重新调整安装底座，否则就会在波纹管接头组装时引起损坏和脱离。

第二步：检查离波纹管最近的两个滑动母线支架的位置的对准度。这些支架必须与波纹管的固定支架对齐，因为波纹管必须笔直且没有横向的偏移或弯曲。

图 3-25　母线接地

第三步：在长螺杆上安装导向套管并确定该导向止动器的位置。该导向套管是与波纹管分开装运的，取下外部的螺母和锁紧螺母，并将导向套管滑到连杆上。

组装母线人员一般为 6～7 人一组，工人需精神状态良好、有责任心。内部清洁、对口等关键工作都应由技术熟练、有经验的工人（如厂家代表）完成，其余一些辅助工作可以由一般施工人员完成。对口过程中要统一听从厂家代表指挥，防止用力步调不一致造成设备损坏。

（6）母线接地。母线外壳通常是连续、封闭的，导体中的电流在外壳上产生的感应电流几乎与导体内的电流相等，相位相差 180°，由于这两种电流相互抵消，外部几乎不存在电磁场。接地母线与连接线截面积应按最大单相短路电流的 70% 进行选择。

接地排和压板一般采用平面铝排，母线每一相的外壳上都焊有平面基座，铝排放置在基础的顶端，并通过螺栓压接在基座上，有两个直径 14mm 的孔用来接地（见图 3-25），安装时需使用电力复合脂。接地线为铜制，如果用铜或是青铜的终端线夹，要确保在端子垫片上使用同样的电力复合脂。

（7）气室处理。气室处理主要是充高纯氮气、抽真空和充 SF$_6$ 气体。充高纯氮气主要是为了排尽气室内的水汽。

1）抽真空。由于母线气室容量比较大，因此对真空泵的选择尤为重要。抽真空时，把真空泵连接到气室，真空表连接到尽量靠近母线室的位置，将气室抽空至 133Pa，持续抽吸至少 2h。先关闭阀门，再停运真空泵。测量并记录 1h 后的真空度，每 10min 记录一次读数，真空的上升限值不能超过 67Pa。

将真空的上升幅度绘制为一个时间函数。如果最终的曲线为线状并在 67Pa 的上升限值内，真空上升试验就可以通过。如果真空上升曲线为线状，但超过了 67Pa 的限值，说明系统存在泄漏。如果最终的曲线呈指数上升，最后上升到一个固定的真空等级，说明系统中仍有水汽。应重新进行抽真空，然后重复真空上升试验。如果仍然不能通过 67Pa 真空上升试验，就可能需要再次填充干燥高纯氮气以使系统更加干燥，或者查找泄漏源并进行维修。

2）充 SF$_6$。由于 SF$_6$ 是强制冷气体，如果填充系统时使用了气瓶，则需要提供热源为气瓶加热。当接近标称填充等级时，应减慢填充速度，或者在达到标称压力前停止。这样就可以为系统内的气体留出足够的时间来变暖。在气体变暖至环境温度的过程中压力会持续上升。在系统内增加更多的气体，使其达到正确的填充压力。需要注意的是，SF$_6$ 是温室气体，会破坏臭氧层，所以在充气和抽真空时要特别注意将 SF$_6$ 的泄漏降至最小。

新 SF$_6$ 气体按照 GB 12022—2014《工业六氟化硫》要求随机抽样送到有资质的单位进行分析，检验结果有一项不符合该标准要求时，则应以两倍量气瓶数重新抽样进行复验。复验结果即使有一项不符合该标准要求，整批产品不能验收。

GIL 母线的年气体泄漏率为 0.01% 到 0.5% 不等。这就是说，至少 10 年内不需要处理任何气室，只需对密度继电器进行检查（首次为 6 个月，之后为每 5 年检查一次）。如果趋势分析显示某个气室有泄漏，则必须仔细地进行检查。系统充气完毕约 6 个月之后检查每个气室的微水含量。如果系统无泄漏，微水等级应该维持在 500μL/L 以下。在最初 6 个月之后，每 5 年检查一次微水。如果发现某个气室有泄漏，则对该气室微水检查的频率应加大。此外，需定期检查密度监视器外盖的腐蚀度。

## 3.4 安装机具

### 3.4.1 隧道运输车

在隧道内进行 GIL 运输、固定及安装时，需要运用隧道内 GIL 设备运输安装车来完成，如图 3 - 26 所示。当直线段 GIL 母线移至竖井底部时，将母线从地面竖井口处吊至管廊的运输车上并完成与运输车的固定连接（一次运输三个母线单元）。固定连接时应注意 GIL 母线单元三支柱绝缘子的方向性，以保证法兰侧面指示方向的标识位于母线单元正上方。

图 3 - 26　隧道运输车

转角 GIL 母线、单元母线在用隧道运输车运输、安装时方法同上。固定连接时应注意转角 GIL 母线单元的方向性，以保证法兰侧面指示方向的标识位于母线单元正上方。

在进行管廊内运输时，使用运输车将母线从管廊底部运输到安装位置，运输时使用三维冲撞仪来监测运输过程。

当隧道运输车开到隧道内预定位置，应保证已装配 GIL 母线与待装配 GIL母线的法兰间距约为 1000mm，如图 3 - 27 所示。

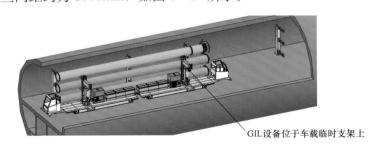

GIL设备位于车载临时支架上

图 3 - 27　隧道运输车运输 GIL 母线

在将 GIL 母线放置于永久支架上时，将运输支架及母线整体顶升、推出至永久支架正上方并下放支架，依次将母线放置于永久支架上，如图 3 - 28 所示。

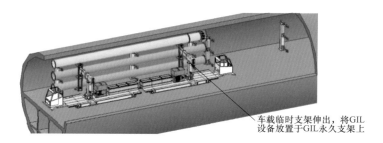

车载临时支架伸出，将GIL
设备放置于GIL永久支架上

图 3 - 28　隧道运输车安装 GIL 母线

在 GIL 母线放置完毕后，运输车将运输支架收回到车体上并开出隧道进行下一个循环作业。如果安装另一侧管道，则将顶升推出装置旋转 180°（手动），如图 3 - 29 所示。

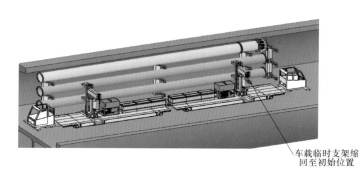

车载临时支架缩
回至初始位置

图 3 - 29　隧道运输车收回运输支架

## 3.4.2　安装净化间

GIL 对接必须在无风无尘、干燥洁净的房间里进行。户外现场条件比较恶劣，风沙大，为改善 GIL 现场环境、提高产品的装配质量和装配效率，降低装配风险，GIL 现场装配工艺防尘研究就显得尤为重要。

为了最大限度提供清洁、干燥的施工场所，现场应采取多重措施来防尘，包括硬化基础周围的地面，同时在安装周围区域定时洒水，防止飞土扬尘；在 GIL 基础周围搭设围栏，阻挡风沙侵袭；现场设置专用对接安装净化间，并在安装净化间内设置空调以保持干燥、恒温效果，同时持续向安装净化间内注入合格的干燥空气，使安装净化间内形成微正压，防止灰尘进入实现无尘对接。现场安装 GIS 的工艺控制要求与 GIL 相同，下文以特高压盱眙站户外 GIS 安装为例，介绍了净化间安装的形式与技术特点。

### 3.4.2.1 安装净化间外部结构

（1）安装净化间外部罩有一个外套，保证不与外部产生空气流动，由粘扣将这各部分连接在一起。在两侧预留可进出组合电器单元并能良好密封的开口。

（2）安装净化间四周支腿处有吊环，可以利用吊车将安装净化间吊到新的位置上，这些吊环在安装净化间使用时可以加装固定拉线，增强安装净化间的稳定性，如图 3 - 30 所示。

图 3 - 30　安装净化间外部结构

### 3.4.2.2 安装净化间内部结构

（1）安装净化间内部由可拆卸框架结构，在现场组装而成，如图 3 - 31 所示。

图 3 - 31　安装净化间内部结构

（2）安装净化间的四条支腿采用可调节结构，可以调整高度，以适应地基的高度变化。

### 3.4.2.3　安装净化间需满足的要求

（1）安装净化间安装完成后应具备良好的气密性，确保安装净化间内部不会与外部产生空气流动。

（2）安装净化间应能防风、防雨、防雪，安装完成后应具备：①能耐受 5 级风，5 级风时无移位、倾斜，结构无任何改变、损伤；②不漏雨；③积雪不漏水。

（3）安装净化间顶棚应具备较好的透光性。

（4）安装净化间在经受 60 个"组装—拆卸—移动—组装"循环，仍能正常使用。

（5）安装净化间应有通风口，并安装两个排风扇。

此外，进入安装净化间前，先把脸和手洗净，在过渡房内穿戴防尘服、帽和鞋。房外穿的鞋不允许套鞋套进入；对带入安装净化间的任何物品、工具，需在房外预先做清洁处理；产品进入安装净化间前，要清扫干净其表面的灰尘和污垢，然后用汽油布将表面擦干净、晾干；对所有带入安装净化间的物品、工具进行登记及签名；每次带出的工具、物品，要进行登记或消账及签字；工作时拉开的搭扣和打开的对接口要及时封好。每天下班前对安装净化间进行保洁工作。

## 3.4.3　全天候多功能对接作业操作间

### 3.4.3.1　操作间外部结构

目前的现场对接工艺要求对接安装人员、吊车指挥员、吊车司机三者协同配合，才能完成对接。特高压变电站规模庞大、现场对接面多，安装周期长、气象条件对现场安装作业影响较大。采用多功能对接操作间后，可人为创造接近工厂装配环境的对接作业小环境，实现阴雨天气、夜间对接作业，降低现场施工风险，确保对接安装质量，有效缩短现场安装工期。

以特高压盱眙站为例。特高压盱眙站 GIS 用全天候多功能对接作业操作间主要由骨架及行车系统、门及密封系统、附属设备等组成，与预设轨道等系统配合使用，内部有效宽度 22m、有效长度 14m、有效高度 6m，自重约 37t，作业时最大重量约 50t，8 轮支撑承载，作业时对轨道最大轮压 85.7kN。结构如图 3 - 32 所示。

全天候多功能对接作业操作间内部采用龙门吊为骨架支撑，外部面板部分采

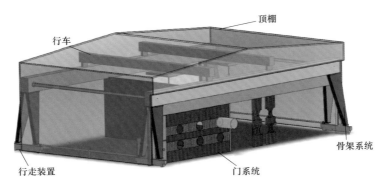

图 3 - 32　全天候多功能对接作业操作间结构图

用板房的结构依附在骨架上面；操作间内部采用柔性隔断形式进行局部环境控制。操作间底部安装电机驱动地梁，与预设钢轨配合，实现操作间前后运动的电动控制；操作间内部起重设备采用 10t 及 5t 的行吊，吊钩可以前后左右四个方向的运动；操作间内部配备多功能电源接口、空调、可移动式除湿装置、照明光源以及工具储物柜等设备；串内设备与分支母线采用相互独立的封闭门系统，门的形式采用固定模块与折叠式半柔性可开合封闭门系统；安装专用封闭门及风淋室通道方便人员进出。全天候多功能对接作业操作间现场使用效果图如图 3 - 33 所示。

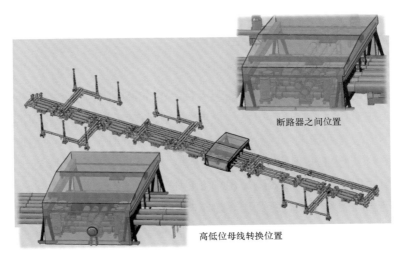

图 3 - 33　现场使用效果图

### 3.4.3.2　操作间内部结构

操作间骨架及行车系统主要由 2 套 23m 龙门梁、4 套自行式地梁、8 条支腿梁、4 条连接梁以及 14m 跨度的 10t 和 5t 欧式行车各一台组成，另配相应的电气控制单元，结构如图 3-34 所示。

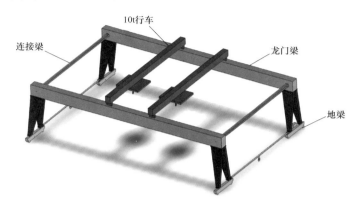

图 3-34　操作间骨架及行车系统

门及密封系统主要由防雨顶棚、带窗户的左右侧面板、前后固定门板及可开合的封闭门系统和相应的可折叠支撑腿等组成。顶棚及左右面板采用彩钢瓦夹棉板，前后固定门板下沿高度 4500mm，封闭门采用折叠式半柔性开合门，可以实现有效的防雨、密封。

### 3.4.3.3　操作间主要技术参数

以苏通 GIL 管廊工程为例，全天候多功能对接作业操作间的主要技术参数如下：

（1）推荐操作间尺寸为 14000mm×23000mm×7500mm（23000mm 为轨道中心间距）；

（2）骨架采用龙门吊支架，内部采用两部吊车（10t 和 5t）；

（3）操作间内部主设备与母线部分采用隔断形式（可升降的软质卷帘门）；

（4）冬季操作间内部温度为（10±5）℃；夏季为（25±5）℃；湿度≤80%；空气洁净度为百万级；光照强度≥100 勒克斯；

（5）操作间可沿预设轨道移动，速度为 2.5～3m/min；

（6）最高起吊高度为 6000mm（吊钩距地面）；

（7）电源功率为 50kW。

### 3.4.3.4　操作间主要特点

全天候多功能对接作业操作间的特点有：

（1）操作间可以实现电动控制的自主移动，不需要吊车辅助移动，效率高，操作方便；

（2）操作间采用装配式结构设计，便于运输、装配及拆解；

（3）内部配备行车等起重设备，最大限度地模拟厂内对接安装，可以完成大部分的对接、起吊作业，减少大型吊车设备的使用，提高安装效率；

（4）板房结构活动性强、重复利用价值高，具有保温、隔热、防水等优点；

（5）内部采用隔断形式，附属设备配备齐全，可以实现局部环境的调节及改善，保证安装质量；

（6）通用性好，可以满足现场大部分的对接、安装作业。

# 4 GIL 运检技术

GIL 运检技术包括在线监测技术、定期巡视技术及设备检修技术。

## 4.1 在线监测技术

### 4.1.1 GIL 设备在线监测技术

#### 4.1.1.1 设备外壳温度监测

目前,针对 GIL 等 $SF_6$ 气体封闭装置壳体发热缺陷,运行现场主要采取的预防措施有:①使用红外成像仪对壳体表面定期进行温度监测;②采用光栅光纤技术对设备的温度进行在线监测。

红外测温方法不会破坏 GIL 内部的温度场和热平衡,具有抗电磁干扰能力强、不接触带电设备、热图像形象直观以及故障诊断和缺陷类型识别能力强等优点,但该方法测量准确度受导体金属表面发射率和 $SF_6$ 气体浓度等因素影响非常大。光纤光栅技术采用光波长作为监测量,具有不受电磁干扰影响、绝缘性能好、体积小、重量轻等优点。

光纤光栅利用光纤材料的光敏性,在光纤纤芯通过紫外光曝光的方法形成空间相位光栅。当宽带光入射光纤光栅上时,光谱中满足光纤布拉格光栅波长的光将发生反射,其余波长的光透过光纤光栅继续传输。当光栅周围温度、应力等外界条件改变时,光栅周期或纤芯折射率将发生变化,从而使光纤光栅的中心波长产生位移。通过检测光栅波长的位移即可判断光栅周围温度等外界条件的变化。

通过安装光纤测温系统,将 GIL 壳体表面温度数据实时传至监控室,当超出标准阈值时会自动报警。

#### 4.1.1.2 局部放电监测

GIL 可以安装特高频局部放电在线监测与专家诊断系统,该系统在 GIL 壳体的特定位置上安装内置式或外置式特高频传感器检测设备内部的局部放电特高频信号，通过测量 GIL 内部的特高频电磁波信号来监测局部放电的强度、重复率和发生相位等信号，并通过分析和诊断软件，分析和诊断故障的性质、大小、位置，以达到评估 GIL 内部绝缘状态的目的。GIL 局部放电在线监测装置主要由传感器、采集装置、就地光电转换装置、局放在线监测屏组成。

通过在线实时监测，对数据进行分析处理，判断设备当前的健康状态，发送给远端控制系统并通过人机界面呈现给运维人员，从而使 GIL 设备运行单位可以及时掌握 GIL 设备的健康状态，及时遏制或处理 GIL 缺陷及故障，有助于提高 GIL 安全生产水平和运行的可靠性，节约运行成本，提高营运效率。

GIL 局部放电在线监测系统的功能如下：

（1）抗干扰能力强，灵敏度高（不低于 5pC）。系统在恶劣气候（温度、湿度）及现场强电磁干扰、无线电波干扰和机械振动环境下运行性能应可靠稳定。

（2）完善的自检功能。

（3）状态预警、跟踪测试、缺陷统计、自动诊断等功能。通过连续实时监测放电脉冲重复次数、幅值以及相位等信息，统计数据并绘制二维、三维谱图，实现缺陷模式识别及故障类型诊断、故障点准确定位；及时发现内部绝缘缺陷隐患并发出预警。

（4）能对局部放电最大放电幅值、放电次数的历史趋势进行计算分析，及时评估内部绝缘状态，为设备状态评价与预测维修提供可靠的技术数据。

（5）数据可自动连续进行远程传输及远程诊断。

（6）GIL 局放在线监测数据、数据分析处理、历史变化趋势等丰富的实时显示功能。

### 4.1.1.3　$SF_6$ 气体微水在线监测

对设备中 $SF_6$ 气体的检漏和含水量检测是保证设备正常安全运行的两项重要工作。对于微水检测，新设备投入运行后 3～6 个月测量一次；如无异常，以后可每 1～2 年测量一次。

$SF_6$ 气体微水在线监测装置由传感器、控制器和显示器三部分组成，其工作原理是：采用由高准确度露点、压力、温度传感器组成三合一组合式传感器（目前市场上大量使用湿敏元件作为微水传感器，但该类型传感器存在零点漂移的问题，而露点传感器则无该问题，但是露点传感器体积大，需要提供电源进行冷却处理），经过 A/D 转换成数字量，再经单片机补偿运算及处理，通过数据线传至监控主机直接显示被测 $SF_6$ 气体的含水量，同时接入综合自动化系统远传至中心监控站，实现了对电气设备中 $SF_6$ 气体含水量的在线监测，保障电力设备的安全稳定运行，从而实现状态检测。其原理框图见图 4-1。

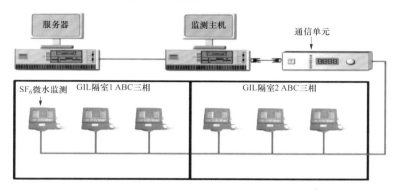

图 4-1  $SF_6$ 微水在线监测装置原理框图

#### 4.1.1.4  气体密度在线监测

$SF_6$ 气体密度对于 GIL 内部绝缘强度来说非常重要，通过 $SF_6$ 气体在线监测装置能及时发现 GIL 的气体泄漏，从而进行早期维修。GIL 气体密度监控与 GIS 气体密度监控类似，GIL 的每个气室都通过密度计单独进行监控。$SF_6$ 气体密度在线监测系统由四部分构成：安装在气室的密度传感器、含有过压保护和光电转换器的就地接线箱、安装在继保室的 $SF_6$ 在线监测柜和安装在主控室的后台终端。$SF_6$ 气体密度在线监测系统通过光缆和后台终端进行通信。如果 $SF_6$ 的密度降到规定下限，则生成报警信号并发送至计算机，并在后台监视器上显示，见图 4-2。

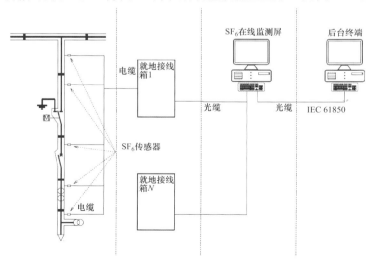

图 4-2  $SF_6$ 气体密度在线监测系统示意图

#### 4.1.1.5 电弧故障定位监测

在发生电弧故障后立即定位内部电弧对于 GIL 的维修非常重要。内部电弧发生故障而需要维修时，则必须拆除（切断）一段设备，然后对接（焊接）新的气室。因此快速精确定位非常重要，电弧定位系统（ALS）专门提供这类信息。GIL 内部电弧故障的定位基于"瞬间"（快速瞬态，very fast transient，VFT）信号的测量，该信号从电弧自身发出，然后以光速离开电弧位置。GIL 两端装有两台电弧定位变流器，用来检测这种行波。高精度 GPS 接收器提供时间标记链接至 VFT 行波，再经过电弧定位单元计算得出内部闪络位置，定位精度在约 10m 范围内（定位精度受信号采集单元的采样率影响，采样率越高，定位精度越高）。所有电弧故障事件在电弧定位单元中进行评价，然后作为报警消息发送到中央计算机（见图 4-3），在系统监视器上显示，电弧定位变流器的数量根据 GIL 的长度确定。

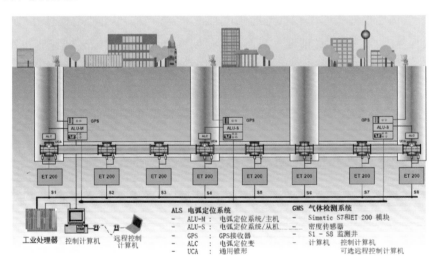

图 4-3 电弧故障定位监测系统

### 4.1.2 隧道结构状态监测

隧道结构状态监测主要检测水土压力、钢筋引力、螺栓轴力、接缝张力以及隧道沉降。通过实时监测这五个数据，对隧道状态作出评估并展示。

#### 4.1.2.1 水土压力监测

一般选用振弦式柔性土压力计监测水土压力。将柔性土压力计的受压板安装在隧道外壁，受压板经过压力传感器便可测得隧道管壁的压力。在制造生产隧道管片时，应提前将柔性土压力计预埋在管片外壁上。

### 4.1.2.2　钢筋应力监测

　　选用合适的振弦式钢筋计（见图 4-4）可以测量隧道管壁内钢筋承受的应力。与柔性土压力计一样，也需要在制造生产隧道管片时，提前将振弦式钢筋计安装在两根钢筋之间。

图 4-4　钢筋计

### 4.1.2.3　螺栓轴力监测

　　采用垫圈式压力传感器。在进行管片安装时，将垫圈式压力传感器植入或套在隧道管片拼装螺栓上，如图 4-5 所示。

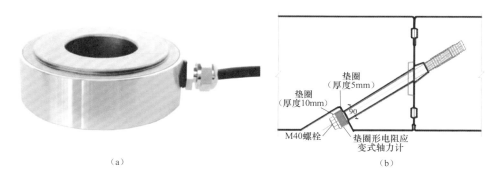

（a）　　　　　　　　　　　　　　　　　　　（b）

图 4-5　垫圈式压力传感器

（a）传感器实物图；（b）传感器使用示意图

### 4.1.2.4　接缝张力监测

　　选用振弦式测缝计。同样在进行隧道管片安装时，将振弦式测缝计安装在隧道接缝处。

#### 4.1.2.5 隧道沉降监测

选用压差式静力水准仪（见图 4-6），配合水准转点的布设，可满足纵坡高差和相对沉降变形的监测要求。

图 4-6 压差式静力水准仪

### 4.1.3 环境在线监测技术

#### 4.1.3.1 温湿度监测

GIL 隧道的温、湿度将影响 GIL 运行安全和巡视人员生命安全。假设电流 4000A，通过计算 GIL 的发热量约为 80W/（m·根），每千米三相 GIL 的发热量将达到 240kW。此时需要通过风机排除热量，GIL 隧道的环境温度将作为风机启动的依据。

GIL 隧道的温、湿度监测系统具有自动监测、数据安全自动传输、自动多模式报警等功能。

（1）自动监测。通过监测主机与监测终端（见图 4-7）实现整个监测体系内的各监测点数据自动、不间断监测、上传、储存，达到 24 小时无人值守。

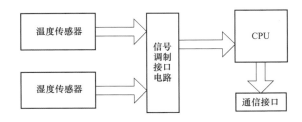

图 4-7 智能温湿度传感器原理框图

（2）数据安全自动传输。通过断点传输、交互式网络技术，实现所有监测终端的数据统一格式、有效连续、安全可靠传输，所有数据及时、有效。

（3）自动多模式报警。系统内任一监测点温、湿度异常时可通过现场监测终端声光报警、指定手机短信报警、客户管理软件报警等多种形式实时通知对应管理人员。

GIL 隧道温、湿度监测管理软件功能。

（1）数据处理软件可实现软件界面简洁，各测点数据显示清晰，直观；

（2）可对任意测点进行上下限报警数值、管理参数的设定；

（3）对于各测点回传的温湿度数据具备检视功能，过滤突发非正常性数据；

（4）提供数据记录存储、实时曲线、历史曲线、报警记录、数据查找、各种数据报表（Word、Excel、Text 等）、数据打印等功能；

（5）软件开放性及扩充性强，可满足与其他管理软件的数据交换及对接；

（6）储存及上传的数据应统一格式，包括测点名称、数值、时间等。

#### 4.1.3.2 有毒、有害气体监测

目前，大多数 GIL 隧道安装有 $SF_6$、甲烷等有害气体在线监测系统。GIL 隧道有害气体在线监测系统应能够自动、连续、可靠地监测隧道内气体浓度，并能实时显示、长期记录数据。当有数据超过报警阀值时，自动发出报警启动隧道风机，及时报告给运维人员。

除上述功能外，系统还应该能通过计算机将数据上传至有人值守的变电站控制室、集控中心等，如图 4-8 所示。

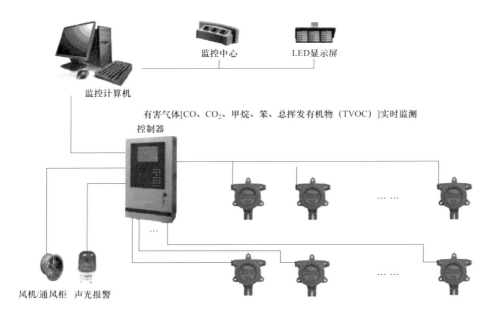

图 4-8 GIL 隧道监测系统结构图

针对 GIL 隧道有空间狭小、距离长的特点。测量一个位置点的气体浓度数据不能反映整个隧道的情况，必须在整个隧道的全程布设传感器，才能全面了解 GIL 隧道的实际情况，通常每隔 50m 设置一个气体传感器。

## 4.1.4　辅助在线监测技术

### 4.1.4.1　视频监控

GIL 视频监控系统主要由前端设备、传输设备和终端设备三部分组成。前端设备主要由摄像机、镜头、护罩、云台、解码器等组成。传输设备主要由视频电缆、控制电缆、音频电缆、光缆和电源线组成。终端设备主要由控制部分和显示部分组成。系统结构如图 4-9 所示。

（1）前端设备。隧道内每隔 150m 左右安装一台摄像机。万向电动云台和变焦镜头的安装可增大摄像机监控的范围和距离，前端解码器可接收控制室矩阵切换控制系统发来的云台镜头控制信号，将其译成各种云台、镜头的动作，直接驱动活动云台的自扫、上、下、左、右等动作和变焦镜头的光圈大小、变焦和聚焦等离控制室距离较远的解码器的控制信号也需经光缆传输。因隧道内湿度大、含腐蚀性气体，隧道内的每个摄像机加装防护等级为 D 的全天候防护罩。

（2）传输设备。由于隧道距离较长，为了得到高质量的视频图像，对于视频信号的传输采用点对点的传输方式。同时，在设备选型时，充分考虑了隧道内湿度大、污染重、腐蚀性强等特点，保证所有设备在这种恶劣环境下能长时间安全可靠地运行。由摄像机摄取视频信号，经电缆接入图像监控光端机以单路视频传输，光端机将电信号转为光信号，再经光纤传输至接收光端机，接收光端机将光信号转为电信号，由电信号传至主监控台。

（3）终端设备。

1）控制部分。控制部分是整个系统的核心，总控制台对摄像机及其辅助设备的控制采用总线方式，把控制信号送到各摄像机附近的"终端解码箱"，在终端解码箱上将总控制台送来的编码控制信号解出，成为控制动作的命令信号，再去控制摄像机及其辅助设备的各种动作。视频切换器可以选择任何一路视频信号输出。控制键盘能够预先对云台编程，使其对应于多个报警点的位置当有报警信号时能够快速旋转，使摄像机对准报警点进行摄像。

2）显示部分。显示部分一般由多台监视器组成，在由多台摄像机组成的电视监控系统中，一般用一台监视器轮流切换显示几台摄像机的图像信号，也可以应用画面分割器将几台摄像机送来的图像信号同时显示在一台监视器上。

视频分配放大器将信号送到监视器中，同时还将该信号送到录像机中保存。分配器就可将一路视频信号分成多路信号。监控室的工作人员通过监视器获得摄像机的现场数据。硬盘录像机将视频输入信号送入计算机中，通过计算机内的视频采集卡，完成 A/D 转换，并按一定格式存储。

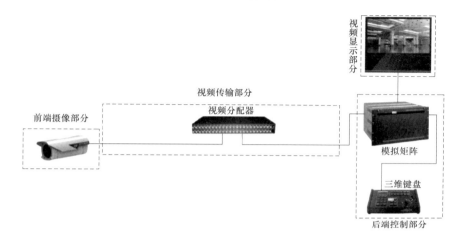

图 4-9 视频监控系统结构图

　　在出入口及集水井处通常设置有视频监控，在控制室能调整摄像角度，监控和记录隧道内人员出入情况和集水井积水状态。为更好地起到视频监控的作用，隧道内通常安装有配套的门禁系统和红外定位系统（见图 4-10）。

### 4.1.4.2　门禁系统

　　门禁系统需要有专门的门卡才能进入。控制电源和风机放在入口处，防止隧道内的潮气将电源腐蚀损坏。设置红外定位系统，能够在监控室实时观察到人员行走动态，如图 4-11 所示。

　　门禁系统按进出识别方式可分为密码识别、卡片识别和人像识别三大类。

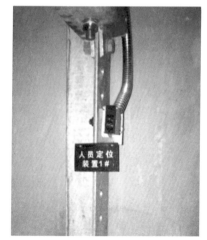

图 4-10　红外人员定位装置

　　（1）密码识别。通过检验输入密码是否正确来识别进出权限。这类产品又分两类：一类是普通型，另一类是乱序键盘型（键盘上的数字不固定，不定期自动变化）。

　　普通型优点：操作方便，无须携带卡片；成本低。缺点：同时只能容纳三组密码，容易泄露，安全性很差；无进出记录；只能单向控制。

　　乱序键盘型优点：操作方便，无须携带卡片，安全系数高。缺点：密码容易

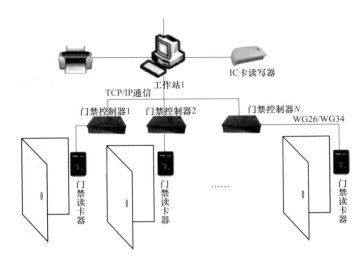

图 4 - 11  门禁系统

泄露，安全性不高；无进出记录；只能单向控制；成本高。

（2）卡片识别。通过读卡或读卡加密码方式来识别进出权限，按卡片种类又分为磁卡和射频卡。

磁卡的优点是：成本较低；一人一卡（＋密码），安全一般；可联微机，有开门记录。其缺点是：卡片、设备有磨损，寿命较短；卡片容易复制，不易双向控制；卡片信息容易因外界磁场丢失，使卡片无效。

射频卡的优点是：卡片与设备无接触，开门方便；理论寿命长，至少十年；安全性高，可联微机，有开门记录；可以实现双向控制，卡片很难被复制。其缺点是成本较高。

（3）人像识别。通过检验人员生物特征等方式来识别进出，有指纹型、虹膜型、面部识别型。具有安全性极好、无须携带卡片的优点；缺点是：成本很高；识别率不高，对环境要求高；对使用者要求高，如指纹不能划伤，眼不能红肿出血，脸上不能有伤，或胡子的多少；使用不方便，如虹膜型和面部识别型的安装高度位置是一定的，但使用者的身高却各不相同。

值得注意的是一般人认为生物识别的门禁系统很安全，其实这是误解，门禁系统的安全不仅仅是识别方式的安全性，还包括控制系统部分的安全、软件系统的安全、通信系统的安全、电源系统的安全。整个系统是一个整体，哪方面不过关，整个系统都不安全。例如有的指纹门禁系统，它的控制器和指纹识别仪是一体的，如果安装在室外，控制锁开关的线就露在室外，很容易被人打开。

#### 4.1.4.3 水位监测

部分隧道内装设有抽水机及水位监测系统，监控室可以根据水位监控系统实时监控抽水泵的运作。水位监测系统包括液位计、液位采集器、数据传输设备等。

液位计用来测量地下液位数据。液位采集器具有采集数据、串口通信等功能。需配合通信设备才能完成液位数据实时上传的功能。

数据传输设备主要实现前端设备与主站之间的数据传输功能，液位计数据经过光纤，发送并存储到系统主站服务器。

水位监测系统如图 4-12 所示。

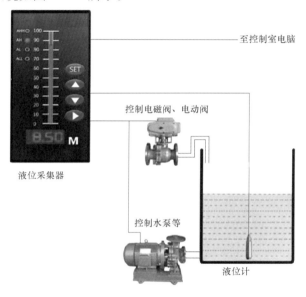

（a）

（b）

图 4-12 水位监测系统

（a）系统配置图；（b）现场设备图

#### 4.1.4.4 火灾监测

通常，隧道内安装有防火隔断及火灾报警系统。

防火隔断即将完整隧道分割为若干段，中间设置有防火隔离门，正常运行时，防火门为常开状态，当某个隔断内发生火灾时，防火门自动关闭，隔离火情。火灾自动报警系统连接于设备温度测量系统，并联动干粉灭火自动装置，当监测到设备温度快速上升时，光纤监测系统将启动报警及对应的灭火装置，如图4-13所示。

 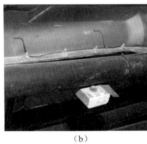 

（a） （b） （c）

图4-13 防火系统

（a）防火隔断门；（b）火灾自动报警；（c）自动灭火系统

火灾自动报警系统由探测器、手动按钮、施工报警器、悬挂式干粉灭火装置等组成。能将火灾信号传输至监控中心。防火门采用甲级钢防火门、阻燃隔板及防火泥构成，可以自动关闭。全线敷设热敏线，可实时监控隧道内火灾险情。

#### 4.1.4.5 广播及逃生系统

GIL隧道广播及逃生系统包含应急调度主机、IP通信调度服务台、IP电话及固定式工业防水电话机/对讲机、数字中继网关及其他相关设备。系统中各设备技术要求见表4-1。

表4-1 广播及逃生系统设备技术要求

| 设备名称 | 技术要求 |
|---|---|
| 广播及逃生指挥管理软件 | 包含调度台管理软件、应急调度管理软件、无线语音通信软件 |
| 广播及逃生指挥应用主机 | 实现电话监控和管理，完成号码配置、呼叫、中继、录音、广播、报警等通信及调度功能；可实现与综合监控平台无缝对接，实现与其他系统的联动 |

续表

| 设备名称 | 技术要求 |
|---|---|
| IP 通信调度服务台 | IP 触摸屏调度台，支持对通信系统中的各类型通信终端进行通信调度，对 IP 电话调度、无线集群对讲机调度、程控交换机 PBX 电话调度、PSTN 市话手机通信调度 |
| 数字中继网关 | 支持 2 个 E1（30B+D）接口，具备全并发语音处理能力；支持 SIP 协议和 PRI/7 号信令，支持语音、传真等服务，与 IMS/软交换系统互通性良好，可满足在不同网络环境下的组网需求 |
| IP 电话机 | 超高清音质、有显示器、6 个 SIP 账号、支持 PoE、无纸化设计、支持有线/无线耳麦 |
| 固定式工业防水电话机/对讲机 | （1）2 条 SIP 线路、支持 POE 供电、全双工免提通话（HF）、带数字键盘（拨号或密码输入）、智能 DSS 键（速拨键、对讲键等）、双麦克风结构、内置环境降噪功能、全向拾音、支持外部电源供电、可视对讲和广播功能；<br>（2）行业认证：IP65，IK10，CE/FCC；<br>（3）壁挂式或嵌入式安装 |
| 电话线 | HBYV-J2×2×0.5（工业防水电话线） |
| 电话电源线 | ZR-RVV3×1.5 |
| 网线 | CAT5E，带屏蔽（无线 AP） |
| 安装支架 | 工业电话安装支架 |

GIL 隧道内大约每隔 200m 设置一部固定式工业防水电话机/对讲机，IP 通信调度服务台设置在 GIL 隧道管理所，管理隧道内所有固定式工业防水电话机/对讲机。GIL 隧道广播及逃生系统应具备如下功能：

（1）广播功能。当有火灾、盗情、管廊灌水等恶性事故发生时，系统自动以特服号码向隧道内发起呼叫，隧道内固定式工业防水电话机/对讲机自动启动警报，针对事故类型自动播放事先录制好的指令，指挥疏导施工人员快速撤离；当有非法入侵或者盗情发生时，系统可以自动播放事先录好的语音，吓阻入侵者。

（2）语音通话。

1）隧道内呼叫外界功能：接对讲键，然后拨号，可呼叫外界手机用户、座机用户，及值班电话。

2）外界呼叫隧道内功能：外界电话对隧道人员呼叫，在有人活动的区域附近电话，隧道内人员可以就近按接听键通话。

（3）对讲功能。隧道内人员按对讲键呼叫隧道内其他工作人员，则隧道内其他位置电话会振铃，附近人员可接听。

（4）报警功能。隧道内人员按下"报警"按钮，报警灯闪亮，通信终端会将报警信号发送到监控平台，平台在界面报警、警铃启动。平台自动遥控隧道其他消防电话分机报警灯闪亮。隧道内人员发现后，应紧急疏散或者逃生。

（5）应急调度功能。具备号码配置、呼叫、中继、录音、广播、报警等通信及应急调度功能。

# 4.2　定期巡视技术

按照设备运行管理规定，GIL 设备定期巡视应分为例行巡视、全面巡视、特殊巡视。应事先编写好 GIL 巡视标准化作业指导卡，然后严格按照指导卡要求的巡视项目和要求开展巡视。对于不具备可靠在线监测和辅助监测技术的 GIL 设备，应适当增加巡视次数；而对于现场配置智能巡检机器人的 GIL 设备，则可适当减少巡视次数。

## 4.2.1　巡视项目及要求

### 4.2.1.1　例行巡视

例行巡视主要依赖运行人员或机器人对 GIL 设备运行状态开展定期、常规检查。其巡视周期应根据设备安装类型、电压等级、运行工况等综合评估后确定。对于人工巡视周期难以保证或巡视难度较大的，宜采用智能巡检机器人巡视代替人工巡视。

一般地，例行巡视项目及要求如下：

（1）出厂铭牌齐全、清晰。运行编号标识、相序标识清晰。

（2）外壳无锈蚀、损坏，漆膜无局部颜色加深或烧焦、起皮现象。

（3）伸缩节外观完好，无破损、变形、锈蚀。外壳间导流排外观完好，金属表面无锈蚀，连接无松动。

（4）设备基础应无下沉、倾斜，无破损、开裂。

（5）接地连接无锈蚀、松动、开断，无油漆剥落，接地螺栓压接良好。

（6）支架无锈蚀、松动或变形、无异物，运行环境良好。

（7）对隧道敷设 GIL，进入前检查氧量仪和气体泄漏报警仪无异常。

（8）运行中 GIL 无异常放电、振动声，内部及管路无异常声响。

（9）$SF_6$ 气体压力表或密度继电器外观完好，编号标识清晰完整，二次电缆无脱落，无破损或渗漏油，防雨罩完好。

（10）压力释放装置（防爆膜）外观完好，无锈蚀变形，防护罩无异常，其释放出口无积水（冰）、无障碍物。

（11）各类管道及阀门应无损坏、变形、锈蚀，阀门开闭位置正确，管路法兰与支架完好。

（12）在线监测装置外观良好，电源指示灯正常，应保持良好运行状态。

（13）有缺陷的设备，检查缺陷、异常有无发展。

### 4.2.1.2 全面巡视

全面巡视主要作为例行巡视的补充，用于对 GIL 设备运行状态开展全面、综合的检查，其周期一般比例行巡视要长。

全面巡视宜在例行巡视的基础上增加以下项目：

（1）抄录 $SF_6$ 气体压力。

（2）$SF_6$ 气体管道阀门位置正确。

（3）伸缩节位移情况。

（4）在线监测端子箱内二次接线压接良好，无过热、松动；电缆孔洞封堵严密牢固。

### 4.2.1.3 特殊巡视

遇有以下情况，宜进行特殊巡视：

（1）大风后。

（2）雷雨后。

（3）冰雪、冰雹、雾霾。

（4）新设备投入运行后。

（5）设备经过检修、改造或长期停运后重新投入系统运行后。

（6）设备缺陷有发展时。

（7）设备发生过负荷或负荷剧增、超温、发热、系统冲击、跳闸等异常情况。

（8）法定节假日、上级通知有重要保供电任务时。

（9）电网供电可靠性下降或存在发生较大电网事故（事件）风险时段。

特殊巡视项目及要求如下：

（1）新设备投入运行后巡视项目与要求。新设备或检修后投入运行 72h 内开展特巡，重点检查设备有无异声、压力变化、红外检测罐体及引线接头等有无异常发热。

（2）异常天气时的巡视项目和要求。

1）严寒季节时，检查设备 $SF_6$ 气体压力有无过低，管道有无冻裂，加热装置是否正确投入。

2）气温骤变时，检查加热器投运情况，压力表计变化；检查本体有无异常位移、伸缩节有无异常。

3）大风、雷雨、冰雹天气过后，检查设备上有无杂物，套管有无放电痕迹及破裂现象。

4）浓雾、重度雾霾、小雨天气时，检查套管有无表面闪络和放电，各接头部位在小雨中出现水蒸气上升现象时，应进行红外测温。

5）冰雪天气时，检查设备积雪、覆冰厚度情况，及时清除外绝缘上形成的冰柱。

6）高温天气时，增加巡视次数，监视设备温度，检查接头有无过热现象，设备有无异常声音。

（3）故障跳闸后的巡视。

1）检查现场一次设备（特别是保护范围内设备）外观。

2）检查各气室压力。

## 4.2.2 巡视注意事项

### 4.2.2.1 GIL 设备巡视注意事项

（1）在 GIL 正常运行情况下，运行和维护人员容易触及 GIL 的部位（如外壳及金属构架等）上的感应电压不应超过 36V。

（2）GIL 外壳应可靠接地。凡不属于主回路或辅助回路的且需要接地的所有金属部分都应接地。外壳、构架等的相互电气连接应用紧固连接（如螺栓连接或焊接），以保证电气上连通。

（3）对运行人员易接触的外壳，其温升不应超过 30K；对运行人员易接近，在正常不需接触的外壳，其温升不应超过 40K。

### 4.2.2.2 GIL 通道巡视注意事项

（1）GIL 通道内空气中的氧气含量应大于 18% 或 $SF_6$ 气体的浓度不应超过

$1000\mu L/L$。

（2）GIL 通道内应安装空气含氧量或 SF$_6$ 气体浓度自动检测报警装置。

（3）GIL 通道进出处应备有防毒面具、防护服、塑料手套等防护器具。

（4）GIL 通道应按消防有关规定设置专用消防设施。

（5）GIL 通道室内所有进出线孔洞应采用防火材料封堵。

（6）GIL 通道内应装有足够的通风排气装置。

## 4.3 设备检修技术

检修主要分为例行检修、全面检修和应急抢修。

### 4.3.1 例行检修

例行检修是根据产品运行年限进行的，当产品运行一年，最好进行检查维护，检查项目可根据运行情况具体分析和执行，必要时可通知制造厂进行有关协助。内容主要包括：

（1）校验压力表、压力开关、密度继电器或密度压力表和动作压力值。

（2）检查接地装置。

（3）必要时进行绝缘电阻、回路电阻测量。

（4）油漆或补漆工作。

（5）清扫设备外壳。

### 4.3.2 全面检修

全面检修是指产品已接近或达到产品规定的使用年限而进行的检修，这时将对产品主要的关键的零部件进行全面的检查，维修和更换，使产品重新恢复到投运前状态，检修内容主要包括：

（1）更换吸附剂及密封圈。

（2）检查调整相关尺寸。

（3）校核各级压力接点设定值并检查压力开关。

（4）检查管道密封情况。

（5）校验 SF$_6$ 密度继电器、压力表或密度表。

（6）检测 GIS 气室及管道的泄漏，根据密封件寿命及使用情况更换密封件。

（7）测量 SF$_6$ 气体微水。

### 4.3.3　应急抢修

GIL 如发生事故紧急抢修，在隧道内部环境安全情况下，故障点就近拆除隔离单元或伸缩节单元，检查发生故障严重程度，轻微状况就地处理，严重情况立即进行快速更换。

### 4.3.4　检修后的验收

GIL 检修后的相关设备必须按照有关规程标准验收合格，方能投入系统运行。验收的内容主要包括：

（1）GIL 各元件完好，无锈蚀和损伤，安装牢固，表面清洁无污渍。

（2）漆面光滑完好平整、无气泡。相色漆标识正确。

（3）铭牌、名称标示牌齐全、完整、清晰、正确、牢固。

（4）固定、连接螺栓和开口销齐全、牢固无松动。

（5）管道绝缘法兰与绝缘支架良好。

（6）GIL 气室分隔标识清晰，与图纸相符。

（7）各种充气、充油管路，阀门及各连接部件的密封良好；各阀门开闭位置正确、有明显标识。

（8）法兰连接跨接排连接可靠，导通良好。

（9）接地牢固，布置合理，接地无锈蚀损伤，接地导通良好，接地标识清楚，接地体截面积选择应满足热稳定要求。

（10）靠近地面裸露的 SF$_6$ 管道应可靠固定，并有防碰撞措施。

（11）安装应固定牢靠，外表清洁完整，动作性能符合规定。

（12）SF$_6$ 气体漏气率和含水量应符合规定。

（13）配备的密度继电器的报警、闭锁定值应符合规定，信号动作正确。

## 4.4　智能巡检机器人

GIL 隧道较长，可通过巡检机器人对 GIL 隧道进行不间断的巡检，实现对隧道设备状态、移动视频、红外测温、局放检测、环境检测等数据的实时连续采集与分析，确保第一时间发现故障及隐患并预警，更好地保障 GIL 安全运行。巡检机器人还具备热成像图像处理技术，能够解决管廊中由于空气不流通导致的设备温度与环境温度极其接近的问题。

隧道巡检机器人系统以巡检机器人为核心，结合综合管理平台、高速网络通信系统、安全高效的电源系统等先进技术，实现 GIL 管廊环境与设备的不间断监测及灾害预警、处置。系统通过 IEC 61850 标准协议网络上传输数据，为不同层级的管理部门提供远程监测信息和控制管理。

隧道巡检机器人系统主要由管廊巡检机器人、运载轨道系统、机器人数据通信系统及中心管理平台等组成。系统构架如图 4 - 14 所示。

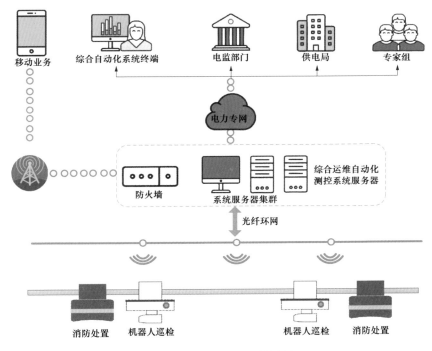

图 4 - 14　巡检机器人系统构架

可选配隧道灭火机器人，结合中心管理平台，数据采集服务器以及相关附件，实现对 GIL 管廊环境与设备的不间断监测及火灾处置。巡检机器人搭载高清摄像机、红外摄像机、局放检测仪以及各种环境监测传感器，实现对管廊实时监测与红外热成像诊断，对管廊内各设备的运行状态信息进行收集整理。配置大容量的高性能锂电池，为机器人的日常运行提供充足动力。

运载轨道系统是机器人运行的承载体，采用专用高强度铝合金预制轨道，表面经氧化防锈处理，既能提高抗腐蚀能力，又可以提高表面的硬度，增加抗磨损性能。

机器人数据通信系统采用全光环网冗余传输技术，保证通信干线传输的稳定性与高效性。通过 WiFi 漫游技术，使机器人可以在整个管廊中进行高速的数据传输，视频连续不卡顿、对讲流畅无杂音、指令传输高效实时。

运行中心管理平台采用中心站服务器配合 C/S、B/S 和移动客户端 APP 相结合的形式，人性化展现整个人机交互界面。平台具有方便的遥控操作、实用的任务管理、个性化的数据呈现、简单实用的数据统计与分析检索、可定制的任务报表等特点。

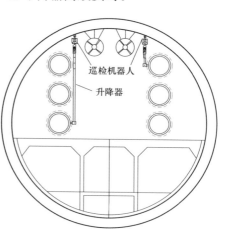

图 4-15 巡检机器人安装示意图

图 4-15 为一种轨道式具有升降功能的 GIL 巡检机器人安装示意图，GIL 管廊有两回 GIL 设备，采用垂直布置，分开布置在管廊两侧。针对 GIL 管廊巡检工作及现场实际情况，考虑到 GIL 设备的空间布局、地面空间的干涉、机器人运行安全等问题，选用轨道式具有升降功能的管廊巡检机器人是一种较为合理的方案。

### 4.4.1 系统功能

智能巡检机器人的系统功能可结合 GIL 设备安装类型、运行要求等确定，一般可包括以下功能（或其中的部分功能），见表 4-2。

表 4-2 GIL 隧道巡检机器人系统功能

| 功能 | 简述 | 采集终端 |
|---|---|---|
| 移动高清视频监控 | 实现隧道内实时移动视频监控 | 视频图像分析 |
| 表计识别，自动抄表 | 实现隧道电力表记的自动识别与数据统计；状态灯、开关柄位置、箱门开闭状态的识别 | |
| 地质沉降检测 | 采用预置点标定与视频识别相结合的方法，实现对管廊的基建变形、地质变化、结构缝错位等进行检测 | |
| 设备锈蚀检测 | 系统通过图像识别及图像对比方法，可对套管设备、紧固件进行精确定位、拍照，结合人工确认，实现锈蚀分析 | |

| 功能 | 简述 | 采集终端 |
|---|---|---|
| 红外普测 | 通过整个隧道进行扫描式测温，全面掌握设备温度情况 | 红外测温 |
| 关键点精确测温 | 对 GIL 综合管廊中关键点（GIL 中导体接插部位、金属短接排等）检测点进行定点精确测温 | |
| 缺陷定点跟踪测温 | 实现对点或对区域热缺陷进行定时定点巡检，采集数据 | |
| 环境检测 | 实现对隧道中 $O_2$、$H_2S$、$CO$、$CH_4$、温度、湿度、烟雾等环境信息的监测 | 环境传感器 |
| 局放检测 | 通过隧道巡检机器人采用局放传感器进行设备放电检测，对设备缺陷进行检测 | 局放检测仪 |
| $SF_6$ 气体泄漏检测 | 采用红外 $SF_6$ 检测技术，检测设备区域的红外光谱特性，分析是否存在气体泄露的情况 | 红外热成像仪检漏 |
| 语音对讲及现场指挥功能 | 定期检修或施工的伴护功能 | 语音对讲探头 |
| 应急联动处理 | 告警发生后快速对隧道进行巡视、排查隐患的过程；其他在线监测发现的异常联动现场确认处理。 | 系统平台联动 |

（1）视频巡检功能。基于巡检机器人本体搭载高清视频摄像机，结合系统后台软件进行功能扩展可实现以下应用：

1）移动高清视频监控。机器人携带 1080P 高清可见光摄像机，可实现隧道内实时移动视频监控。摄像机采用了一体化光学防抖技术，可以有效过滤 5～15Hz 范围内的细小振动。

2）表计识别。高清视频相机实时采集监测点表计图片，经后台智能分析软件分析，可识别出表计读数，并对采集数据存储、判定，形成表计历史数据信息、设备缺陷预警信息及巡检报表。

3）地质沉降检测。巡检机器人采用预置点标定与视频识别相结合的方法，对管廊的基建变形、地质变化、结构缝错位等进行检测，有效预警可能发生的严重地质危害。

4）设备锈蚀检测。巡检机器人系统通过图像识别及图像对比方法，可对套管设备、紧固件进行精确定位、拍照，结合人工确认，实现锈蚀分析、提前预警，一定程度上防止故障的发生。

（2）红外测温检测。巡检机器人上携带的高灵敏度热成像仪，能在管廊环境中清晰成像。基于精确的测温可实现一系列诊断功能。

1）红外普测。巡检机器人基于红外检测技术，在行走过程中对视野范围内的所有设备表面温度场进行整体区域性的扫描式温度采集，对设备进行红外检测和红外热诊断工作，可以有效避免区域设备被遗漏，帮助运维人员及时发现设备缺陷和异常隐患，为设备检修提供依据。

在红外普测模式下，机器人可以在行走过程中进行区域性的红外扫描式普测，对设备重点接头部位采集红外热成像图，实时确定视野范围内的最高点，有效地为设备普测巡检工作保留历史巡检图像。当发现设备发生异常时，可以通过历史检测数据进行数据追溯。其功能示意图如图 4-16 所示。

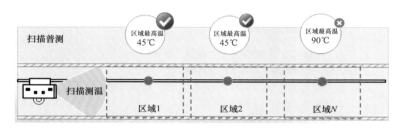

图 4-16　红外普测功能示意图

2）精确测温。在 GIL 综合管廊中，GIL 导体接插部位、金属短接排的温度异常主要是电流致热导致的，电缆接头温度异常有可能是由电流和电压混合致热导致的。往往只需要 0.5℃ 的温差即可能导致设备故障，因此对设备的精确测温具有至关重要的作用。需要进行精确测温的情况有：

a. 对于 GIL 中导体接插部位、金属短接排等易发热的关键部位，进行精确测温与监控；

b. 普测过程中检测到异常发热点时，巡检机器人自动对异常发热设备的进行精确测温，实施进一步故障排查；

c. 设备检修投运后、新设备试运行期间，对设备进行精确测温监控；

d. 在系统过负荷等情况下，对相应设备进行精确测温。

精确测温时，巡检机器人会从多个方位对设备的多个关键部分进行全面监控。以交叉接地线为例，机器人进行东侧外观检测、西侧外观检测、A 相接头测温、B 相接头测温、C 相接头测温、本体测温。红外精确测温功能示意图如图 4-17所示。巡检机器人系统采用全自动定点检测，系统自动设定检测位置、自动设置检测参数，而且每次到达同样的检测点，可以对历次检测的数据进行分析对比，对比意义强，其过程如图 4-18 所示。采用机器人自动进行精确测温操作，可以避免人工检测可能出现的问题，如：

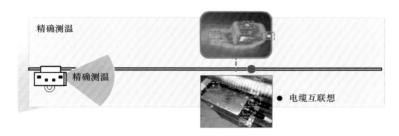

图 4-17 红外精确测温功能示意图

图 4-18 机器人精确测温过程

a. 测温过程繁琐，调节的参数不合适，检测的温度不准确；

b. 管廊中设备众多，人工巡检可能漏检，产生遗漏；

c. 人工记录的数据可能信息不全，现场图像后期整理、分析工作量大。

3）缺陷定点跟踪测温。为跟踪某处热缺陷变化趋势，对点或区域热缺陷进行定时定点巡检，采集数据，以直方图或曲线等方式展现变化趋势。

（3）环境检测。巡检机器人配置环境检测模块，可检测隧道中 $O_2$、$H_2S$、$CO$、$CH_4$、温度、湿度、烟雾等环境信息。

（4）局放检测。GIL 管廊中，各设备由于制造缺陷、安装缺陷，在高电压下可能存在局部放电现象。巡检机器人通过自身携带的伸缩式局放检测仪对 GIL 设备进行局部放电检测，及时发现可能出现的设备故障，保证设备正常运行。

（5）$SF_6$气体泄漏检测。高压充气设备容易发生 $SF_6$ 气体泄漏。机器人系统采用红外 $SF_6$ 检测技术，通过检测设备区域的红外光谱特性，确定是否存在气体泄漏。系统分析结果直接发布严重故障预警，第一时间通知到相关人员进行处置。

（6）语音对讲现场指挥功能。巡检机器人系统搭载双向语音系统，安装有应急广播扬声器和监听麦克。用于监控中心和管廊内人员进行双向对讲，实现对现场的远程监控指挥。结合高清视频功能，可将现场实时视频传输至远程客户端，实现远程指导现场实操的功能。

（7）联动告警。为监测管廊各种设备的环境运行情况，巡检机器人系统设置了一套预警策略。按不同等级可发生的报警有机器人本地声光预警、监控中心声光预警。根据 GIL 管廊隧道的运维情况，在系统中为系统正常的巡检，设置了有超过 60 种报警类型。

当出现环境气体达到报警参数、火情、积水异常、灯管损坏超过 20％，巡检点设备发生异常，地质变化、通信系统故障、充电站故障、道岔机异常、机器人掉线 30min 等异常情况时，系统都将进行报警。当工作人员确认报警信息后，系统可以解除相关报警。

## 4.4.2  工作模式

巡检机器人系统工作模式分为自动巡检、遥控巡检、特殊巡检以及在异常情况下通过与其他系统设备进行联动的远程监控指挥模式，各模式实现方式简述如下。

（1）自动巡检模式。自动巡检是巡检机器人按照预设路径进行巡视的方式，是 GIL 管廊日常运维工作中最常见的应用模式。机器人自动对 GIL 管廊中的各种设施（GIL 设备、汇控柜、电源箱、管廊、消防、管道等）进行外观检查、温度诊断、气体检测等工作，并对管廊环境进行实时监测，将巡检数据传输到综合监控平台保存，生成检测分析报告。巡检功能示意图如图 4 - 19 所示。

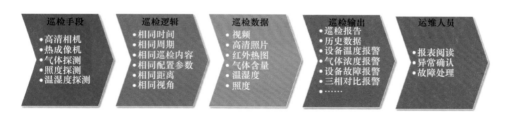

图 4 - 19  例行巡检功能示意图

（2）遥控巡检模式。除机器人自动进行例行巡检外，还可通过遥控巡检方式对机器人进行实时遥控。机器人自主巡检过程中检测到设备、环境状态异常并告警时，运维人员可以在第一时间遥控机器人快速到达异常设备位置，及时查看并核实异常设备的报警信息，迅速制订响应策略。

遥控操作具有最高的操作优先级。系统进入遥控巡检模式后，机器人将中止正在执行的其他任务，按人工遥控指令实现可调速度下的前进、后退，升降机上下移动及摄像机的镜头转向、变倍调节等功能。

（3）特殊巡检模式。特殊巡检模式为自动巡检、遥控巡检的补充方式。对区域内需进行非定时、特别关注的设备类型及巡检点类型，专门设定巡检任务；或在管廊内部检修工作或其他危险作业开始前，专门设定对环境、设备状态确认的任务，为设备、人员安全提供保障。

（4）代巡模式（多机协作巡检模式）。支持单轨多机工作模式，实现高效的多机分段巡检，可靠多机互备巡检模式。在一个机器人异常情况下，可实现就近机器人分段代巡检模式。

（5）远程监控指挥工作模式。巡检机器人系统搭载语音广播系统，安装有应急广播扬声器，用于监控中心指挥隧道内人员进行有效处理。远程中心管理平台可对现场进行广播，或通过语音对讲对巡视或检修人员进行指挥。在火灾事故发生时，监控中心对远程机房进行单向广播，对现场人员进行作业指挥、危险情况下的紧急疏散等指令下发，形成对视频及温湿度传感器监测的一种辅助监测，实时掌握现场情况。并在事故处置后，承担灾后处置效果远程验证验收任务。

（6）系统联动工作模式。通过将巡检机器人系统与管廊内部其他自动设备进行对接，在特殊情况下人员不能及时进入现场时，由巡检机器人系统直接控制现场自动设备进行作业；或由巡检机器人系统提供辅助声光信息，联动系统根据远程现场信息进行操作等。当其他系统设备接入巡检机器人系统接受联动操控时，需要确认实用性、可靠性等，不能影响其他系统正常使用功能及安全性能。

## 4.4.3　应急及安全工作策略

（1）机器人低电量应急策略。机器人内配备大容量高性能锂电池，结合系统完善的电源管理策略，可达到机器人在隧道中永不断电的功能。当机器人电量充足时，可按计划完成巡检任务，任务完成后，返回充电，保持电池处于满电量状态。当机器人的电量达到系统设定的保护限定值时，机器人可中断任务自动返回充电；当机器人在低电量保护状态时，如果发生高优先级任务，机器人可用应急备用电量执行紧急任务。

（2）充电站故障应急策略。根据 GIL 管廊长度分别布置多个充电站，每台机器人可以共享多台充电站，某台充电站故障后，机器人可自动到另一个充电站充电，系统整体稳定性直线提高。

（3）通信基站故障应急策略。所有无线基站设备都采用链型环网总线结构，通信设备采用光纤环网方式连接，以保证通信系统的稳定可靠。单个基站设备故障或单个区域设备故障，不会对整个系统的稳定性造成影响。

（4）防撞应急策略。智能巡检机器人在明显位置安装有闪动警示灯，提醒隧道内工作人员注意。

巡检机器人前后装有超声波雷达和红外线传感器，能够探测到 2.5m 范围内的障碍物。运行过程中，一旦发现前进方向 2.5m 内有障碍物或人员即进行跟踪，当障碍物进入 0.5m 范围内时立即停车并告警，同时，配合结构上的柔性保护装置，可以保障财产和人身安全。示意图如图 4-20 所示。

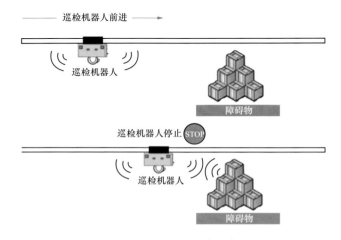

图 4-20 机器人运动示意图

（5）运行故障（停止）应急策略。智能巡检机器人发生故障（停止）或者通信中断时，机器人通过搭载的声光报警器进行本地声光报警；同时监控中心管理平台进行界面报警、声光报警及短信报警。维护人员收到机器人的信息后，可进行相关处置工作。启动人工策略控制，启动代巡工作模式。

# 5　GIL 异常情况及处理措施

就其功能而言，GIL 设备出现的异常情况从物理学意义上可分为电、热和力的作用，电主要表现为绝缘击穿、局部放电、快速接地开关拒动等；热表现为异常发热；力则表现为 $SF_6$ 气体泄漏、壳体变形或蠕动等方面。同样，GIL 管廊隧道也存在基础沉降、漏水、火灾等风险隐患。本章将对 GIL 设备和管廊隧道中可能出现的各类故障进行描述，并提出相应的处理措施。

## 5.1　GIL 设备异常情况及处理措施

### 5.1.1　绝缘击穿

#### 5.1.1.1　异常情况描述

绝缘击穿故障是 GIL 设备运行中常见的故障类型之一，包含绝缘件的沿面闪络、$SF_6$ 气体间隙放电、异物引起的放电、绝缘件质量缺陷或受潮引起的放电。GIL 设备发生绝缘击穿可能会导致短路故障从而引起设备故障跳闸，且无法重合闸成功。下面对于绝缘部件曾发生的异常情况进行描述。

某变电站母线差动保护动作进行现场检查，在绝缘盆子上发现右明显开裂痕迹，如图 5-1 所示。

故障盆子旁的不锈钢伸缩节（波纹管）上有多处明显撞击痕迹，故障气室内部 $SF_6$ 气体漏至零表压，如图 5-2 所示。

打开故障部位 A、B、C 分支母线后，发现故障盆子几乎完全炸碎，如图 5-3 所示。

故障盆子右侧（2 号主变压器侧）副母导体上有盆子碎片碰撞的痕迹，副母分相分支导体上有擦伤痕迹，故障盆子左侧（出线侧）A、B、C 相导体和对应筒壁上有电弧灼伤的痕迹，如图 5-4 所示。

对故障盆子复原后，发现 A、B 相间存在内部故障发展的痕迹，且 A、B 相

图 5-1 故障绝缘子示意图

图 5-2 波纹管撞击痕迹

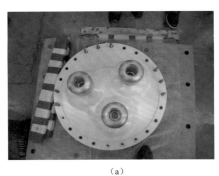

（a）

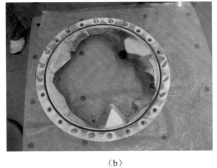

（b）

图 5-3 破裂前后盆子对照图

（a）破裂前；（b）破裂后

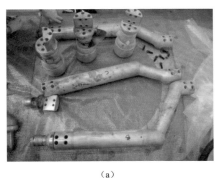

（a）

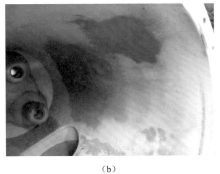

（b）

图 5-4 副母线导体和对应筒壁

（a）导体；（b）筒壁

图 5-5 复原故障盆式绝缘子

间及对地的表面和裂纹遭受电弧灼烧较严重，而靠近 C 相的裂纹几乎没有被电弧灼烧过的痕迹，如图 5-5 所示。

#### 5.1.1.2 原因分析

（1）内绝缘故障。内绝缘故障形式多样，可能发生在盆式绝缘子、绝缘拉杆、绝缘支撑件等绝缘件上，也可能发生在带电体与罐体之间的气体间隙上，如回路导体、屏蔽罩等带电体对壳体放电。

1）绝缘件的沿面闪络。发生沿面放电的主要原因是设备在工厂装配、现场组装或是检修时在气室内残留异物，同时未对绝缘件表面进行彻底的清理，从而引起放电现象。这些异物的产生包括：在厂内装配过程中，螺栓孔中产生的金属丝或金属屑；现场安装过程或现场解体检修时，人为因素带入的金属颗粒；在运行过程中，由于操作振动或者在电场力作用下，这些金属异物可能会落到绝缘件表面。正是由于这些金属异物的存在，引起绝缘件表面电场发生畸变，当某处场强超过耐受要求时即会出现闪络，如图 5-6 所示。

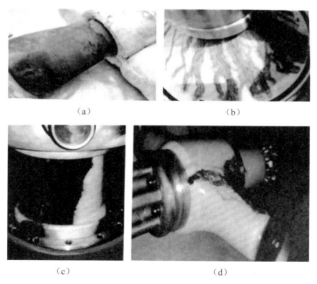

（a）

（b）

（c）

（d）

图 5-6 绝缘件沿面闪络

（a）绝缘支撑；（b）盆式绝缘子；（c）、（d）支柱绝缘子件

2）绝缘件内部缺陷。这类绝缘击穿几乎在所有种类的绝缘件上都发生过。绝缘件缺陷产生的原因有材料选用不当、设计缺陷、制造工艺不良、绝缘件受潮和导体装配操作不当使绝缘支撑件受力过度等。例如，由于金属接头部位电场设计不均匀，在运行过程中就会在该处产生局部放电，GIL 设备在长期运行过程中经过多次局部放电形成的树枝状爬电会使整体绝缘性能不断下降，最终导致绝缘击穿。

3）间隙放电。间隙放电现象发生的主要原因包含三方面：①某处场强设计取值过高；②悬浮电位，主要原因为零部件紧固出现松动或某些部件等电位措施不到位，如紧固力矩不够、缺少防松动措施等，引起局部放电，在局部放电的长期作用后致使局部绝缘劣化，最终形成对外壳的闪络放电；③装配过程中工艺控制不良，主要包括在装配过程中绝缘件、导体等部件发生变形或损伤。需要指出的是，当绝缘件、紧固螺栓、金属捆扎等的边缘、尖角等处于高场强区域时，如果处理不当也会产生局部场强集中进而引发击穿。

（2）外绝缘对地闪络。如果 GIL 设备用的套管选型不当，例如爬电比距、干弧距离或套管伞形等参数不能满足工况的运行要求，设备在运行过程中可能会发生污闪、雾闪以及对地放电等外绝缘闪络放电。

### 5.1.1.3　处理措施

绝缘击穿故障处理的一般流程如图 5-7 所示。

（1）在对 GIL 设备进行绝缘耐压试验时，如果出现故障通常会伴有声音，通过对放电声音分析可大致判断故障位置。但是由于 GIL 设备的绝缘试验范围通常非常大，仅凭现场通过人耳听声是很难判断故障点位置的，因此需要在每个气室加装击穿故障定位装置。

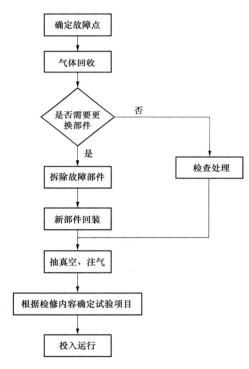

图 5-7　绝缘击穿故障处理流程

在 GIL 设备运行过程中，如果发生绝缘故障，通常会伴随着声音或绝缘气体分解等现象，通过对这些现象的分析可以判断故障发生点。另外，可通过对故障录波图进行信息提取分析来判断故障的大致位置，再通过检测绝缘气体的各类分解产物含量能够进一步判断故障气室的准确位置。

（2）在确定故障位置后，需要对故障部位所在的气室进行气体回收，故障部位相邻气室气体降至 50% 额定气压。

（3）对相应的 GIL 设备故障位置进行解体检查处理，根据实际故障情况处理或更换受损部件，必要时应采取返厂大修措施。表 5-1 中列出了绝缘击穿故障处理方法。

表 5-1                         绝缘击穿故障处理方法

| 故障现象 | 原因分析 | 处理方法 |
|---|---|---|
| 壳体电弧灼伤 | 安装工艺不良导致异物混入气室内部，或操作时发生振动等现象产生金属异物 | （1）轻微灼伤，打磨清理处理；<br>（2）严重灼伤，特别是危及压力容器安全时，应更换壳体 |
| 屏蔽电弧灼伤 | | （1）轻微灼伤，进行打磨清理处理；<br>（2）严重灼伤，应更换屏蔽部件 |
| 绝缘件表面污痕 | 绝缘件表面不清洁，绝缘件内存在气孔、砂眼等缺陷 | 使用百洁布、丙酮清理污痕 |
| 绝缘件表面污损 | | 更换绝缘件 |
| 屏蔽、导体烧熔、烧损 | 零部件松动 | 更换烧熔、烧损零部件 |

（4）新部件回装要求为：法兰对接前应对法兰面、密封槽及密封圈进行检查，法兰面及密封槽应光洁、无损伤，应确认筒内无遗留杂物，对接过程测量法兰间隙距离应均匀，连接完毕后使用力矩扳手对称地紧固螺栓，其力矩值应符合产品说明书中的技术规定。安装过程中应注意采取防尘措施。

（5）抽真空、注气工艺要求为：

1）抽真空及充气前，检查 $SF_6$ 充放气逆止阀顶杆和阀心，更换使用过的密封圈。

2）充气装置中的软管和电气设备的充气接头应连接可靠，管路接头连接后抽真空进行密封性检查。

3）充装 $SF_6$ 气体时，周围环境的相对湿度应不大于 80%。

4）$SF_6$ 气体应经检测合格（微水含量≤40μL/L、纯度≥99.8%），充气管道和接头应进行清洁、干燥处理，充气时应防止空气混入。

5）气室抽真空及密封性检查应按照厂家要求进行，厂家无明确规定时，抽真空至 133Pa 以下并继续抽真空 30min，停泵 30min，记录真空度（$A$），再隔 5h，读真空度（$B$），若（$B$）−（$A$）<133Pa，则可认为合格，否则应进行处理并重新抽真空至合格为止。选用的真空泵的功率等技术参数应能满足气室抽真空的最低要求，管径大小及强度、长度、接头口径应与被抽真空的气室大小相匹配。

6）设备抽真空时，严禁用抽真空的时间长短来估计真空度，抽真空所连接的管路一般不超过 5m。

7）充气速率不宜过快，以气瓶底部（充气管）不结霜为宜。环境温度较低时，液态 $SF_6$ 气体不易气化，可对钢瓶加热（不能超过 40℃），提高充气速度。

8）对使用混合气体的断路器，气体混合比例应符合产品技术规定。

9）当气瓶内压力降至 0.1MPa 时，应停止充气。充气完毕后，应称钢瓶的质量，以计算断路器内气体的质量，瓶内剩余气体质量应标出。

10）充气 24h 之后应进行密封性试验。

11）充气完毕静置 24h 后进行 $SF_6$ 微水检测、纯度检测。

（6）检修后的试验。

1）GIL 内部绝缘击穿故障检修处理后应参照相关标准进行回路电阻试验、气体密封性试验、气体微水试验以及交流耐压等试验。

2）出线套管检修更换后应完成以下试验：①绝缘电阻试验；②10kV 及以上非纯瓷套管的介质损耗角正切值 tanδ 和电容值试验；③交流耐压试验。

## 5.1.2 局部放电

### 5.1.2.1 异常情况描述

电气设备的绝缘系统中，当局部区域的电场强度达到该区域介质的击穿场强时，该区域就会出现放电，但整个绝缘系统并没有被击穿，仍然保持绝缘性能，这种现象称为局部放电。

当 GIL 内部发生局部放电时，会在空间产生电磁波，在接地线上流过高频电流，使外壳对地呈高频电压；同时所产生的机械效应使管道内气体压力骤增，产生声波和超声波，并传到金属外壳上，使外壳产生机械振动；另外，局部放电产生光效应和热效应可使绝缘介质分解。

局部放电的异常情况可通过不同检测方法采集的特征图谱反映。目前应用最广泛的局部放电检测方法有超声检测法和特高频（简称 UHF）检测法。由于 GIL 尚缺少典型缺陷特征图谱，因此目前通常参考 GIS 的特征图谱来对缺陷类型进行判断。参考 DL/T 1250—2013《气体绝缘金属封闭开关设备带电超声局部放电检测应用导则》和 Q/GDW 11059.1—2013《气体绝缘金属封闭开关设备局部放电带电测试技术现场应用导则》，可对缺陷类型进行大致判断。两种检测方法的典型异常情况图例分别如图 5-8 和表 5-2 所示。

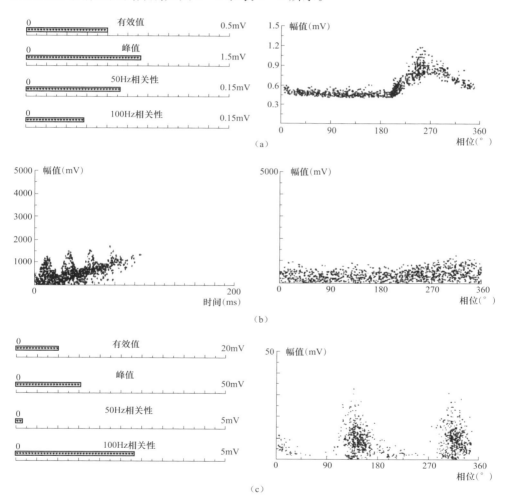

图 5-8 超声局部放电检测典型图例

（a）金属尖端放电的典型图谱；（b）自由颗粒放电的典型图谱；（c）悬浮电位放电的典型图谱

表 5 - 2                                    特高频局部放电检测典型图例

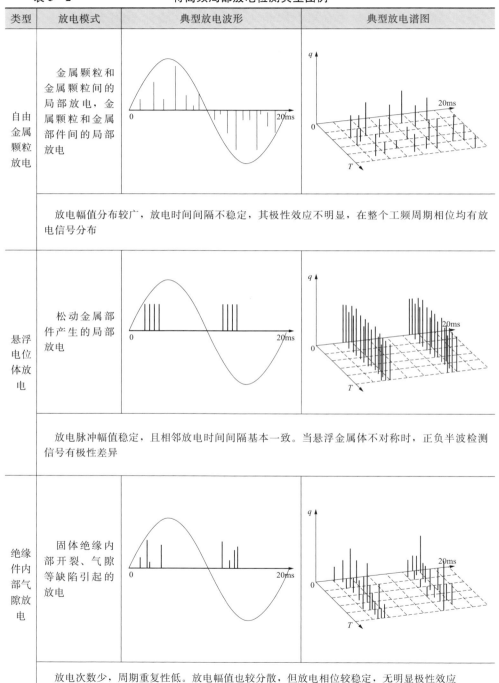

| 类型 | 放电模式 | 典型放电波形 | 典型放电谱图 |
|------|----------|--------------|--------------|
| 自由金属颗粒放电 | 金属颗粒和金属颗粒间的局部放电，金属颗粒和金属部件间的局部放电 | | |
| | 放电幅值分布较广，放电时间间隔不稳定，其极性效应不明显，在整个工频周期相位均有放电信号分布 | | |
| 悬浮电位体放电 | 松动金属部件产生的局部放电 | | |
| | 放电脉冲幅值稳定，且相邻放电时间间隔基本一致。当悬浮金属体不对称时，正负半波检测信号有极性差异 | | |
| 绝缘件内部气隙放电 | 固体绝缘内部开裂、气隙等缺陷引起的放电 | | |
| | 放电次数少，周期重复性低。放电幅值也较分散，但放电相位较稳定，无明显极性效应 | | |

续表

| 类型 | 放电模式 | 典型放电波形 | 典型放电谱图 |
|------|---------|------------|------------|
| 沿面放电 | 绝缘件表面金属颗粒或绝缘表面脏污导致的局部放电 | 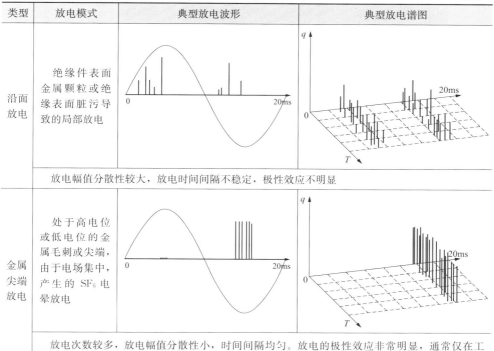 | |
| | 放电幅值分散性较大，放电时间间隔不稳定，极性效应不明显 | | |
| 金属尖端放电 | 处于高电位或低电位的金属毛刺或尖端，由于电场集中，产生的 SF₆ 电晕放电 | | |
| | 放电次数较多，放电幅值分散性小，时间间隔均匀。放电的极性效应非常明显，通常仅在工频相位的负半周出现 | | |

对发生局部放电的设备解体后，部分可见表面放电痕迹。如图 5-9 所示，某变电站 GIL 的柱式绝缘子发生局部放电，底部特氟龙垫片熔化变形，呈扁平状，部分铜触针失去弹性，在柱式绝缘子底部和管路外壳处有白色粉末产生。图 5-10 为某绝缘柱式绝缘子解体后放电痕迹，可见表面有明显电树。

图 5-9  柱形绝缘子底部放电

### 5.1.2.2  原因分析

一般来说，造成 GIL 设备局部放电的原因有：

（1）固体绝缘材料如环氧树脂的浇铸件内部缺陷损伤造成放电。

（2）由于制造工艺不良、滑动部分磨损、安装不慎等因素在 GIL 内部残留金属微粒（或称导电微粒），引起放电。

（3）由于触头接触不良，金属屏蔽罩固定处接触不良造成浮电位而引发重复

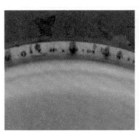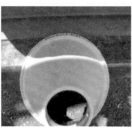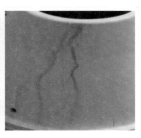

图 5 - 10　支撑绝缘子上放电痕迹

的火花放电。

（4）高压导体表面的突出物（由于偶然因素遗留在导体表面造成的高场强
电）引发的电晕放电。异物的产生可能是吸附剂罩强度不足而发生破裂使吸附剂
散落，也可能是由于润滑脂或绝缘子密封圈上的硅脂过度涂抹而导致溢出。

### 5.1.2.3　处理措施

当对 GIL 局部放电检测发现异常信号时，可参考图 5 - 11 处理。

（1）首先应确定异常信号的具体位置。利用超声波局放仪进行缺陷定位有多
传感器定位和单传感器定位两种方式。

1）多传感器定位——利用时延方法实现空间定位。在疑似故障部位利用多
个传感器同时测量，并以信号首先到达的传感器作为触发信号源，就可以得到超
声波从放电源至各个传感器的传播时间，再根据超声波在设备媒质中的传播速度
和方向，就可以确定放电源的空间位置。

2）单传感器定位——移动传感器，对异常气室进行多点检测，且在该处壳
体圆切面上至少选取三个点进行比较，找到信号的最大点，对应的位置即为缺陷
点。通过两种方法判断缺陷在罐体或中心导体上。

方法一，通过调整测量频带的方法，将带通滤波器测量频率从 100kHz 减小
到 50kHz，如果信号幅值明显减小，则缺陷位置应在壳体上；如果信号幅值基本
不变，则缺陷位置应在中心导体上。

方法二，如果信号幅值最大值在罐体表面周线方向的较大范围出现，则缺陷
位置应在中心导体上；如果最大值在一个特定点出现，则缺陷位置应在壳体上。

（2）对缺陷定位后，应进一步判断缺陷类型。可对缺陷位置进行各种模式下
的图谱测试，对比各种图谱下的图形状态，并参考 5.1.3.1 节中的典型缺陷图谱
进行分析。对于超声波检测法，可参考检测信号的 50Hz/100Hz 频率相关性、信
号幅值水平以及信号的相位关系，进行缺陷类型识别，如表 5 - 3 所示。

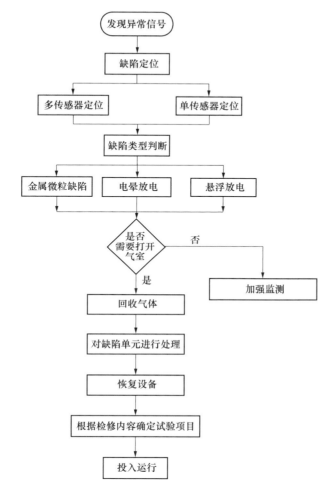

图 5-11　局部放电处理流程图

表 5-3　　　　　　　　　　　缺陷类型判断依据

| 判断依据 | 金属微粒缺陷 | 电晕放电 | 悬浮电位 |
|---|---|---|---|
| 信号水平 | 高 | 低 | 高 |
| 峰值/有效值 | 高 | 低 | 高 |
| 50Hz 频率相关性 | 无 | 高 | 低 |
| 100Hz 频率相关性 | 无 | 低 | 高 |
| 相位关系 | 无 | 有 | 有 |

注　局部放电信号 50Hz 相关性指局部放电在一个工频周期内只发生一次放电的几率，几率越大，50Hz 相关性越强；局部放电信号 100Hz 相关性指局部放电在一个工频周期内发生 2 次放电的几率，几率越大，100Hz 相关性越强。

（3）对缺陷位置和缺陷类型有了较好的判断后，根据缺陷的严重程度可安排对 GIL 缺陷单元进行更换和解体。表 5-4 列出了 GIL 设备局部放电缺陷的一些处理方法。

表 5-4　　　　　　　　　　GIL 设备局部放电缺陷处理方法

| 原因分析 | 处理方法 |
| --- | --- |
| 绝缘件环氧树脂有气泡，内部有气孔 | 更换绝缘件 |
| 绝缘件表面未清理干净 | 对绝缘件表面进行清理 |
| 吸附剂安装错误，粉尘粘在绝缘件上 | 对绝缘件表面进行清理 |
| 绝缘件受潮 | 对设备进行除湿处理 |
| 气室内微水过大，绝缘件表面腐蚀 | 更换绝缘件 |
| 设备气室内产生自由颗粒 | 对设备内部进行开盖清理 |

## 5.1.3　快速接地开关拒动

### 5.1.3.1　异常情况描述

快速接地开关（见图 5-12）作为 GIL 设备中的重要部件，具有关合短路电流、分合感应电流和作为检修接地开关等功能，快速接地开关安装于 GIL 两端，在 GIL 内部故障导致 GIL 所在线路两侧断路器跳闸后，合上快速接地开关可消除 GIL 上的感应电流和感应电压，在提高 GIL 设备的运行可靠性和保护人身安全方面具有重大的意义。

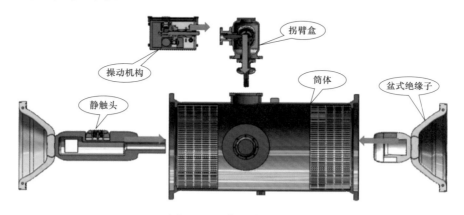

图 5-12　快速接地开关

快速接地开关主要由操动机构、拐臂盒、静触头、筒体四部分组成。

如果 GIL 设备快速接地开关出现拒动情况，很有可能会降低设备的安全可靠性，影响设备的正常运行，并且威胁到人身安全。快速接地开关发生拒动包含机械和电气两个方面的现象。机械方面主要有操动机构卡涩、操动机构内部连接螺栓松动、轴销脱落、拐臂或关节轴承开裂、轴承密封不良等情况；电气方面主要有分合闸接触器故障、辅助开关故障、二次接线及电机故障等情况。

### 5.1.3.2　原因分析

产生电气故障的原因主要有：

（1）分合闸接触器故障。导致这类故障的主要原因由受潮锈蚀等造成接触器接触不良或卡涩引起，此外控制电源过电压或短路也会造成接触器损坏。

（2）辅助开关故障。主要是由于接点转换不灵或没有切换等机械原因。

（3）二次接线及电机故障。二次接线接触不良、断线或端子松动、电机烧损。

产生机械故障的原因主要有：

（1）操动机构卡涩。导致机构卡涩的原因可能是操动机构进水受潮或零部件锈蚀。

（2）操动机构内部连接螺栓松动、轴销脱落。发生这种情况的原因可能是工厂装配过程中螺栓未按要求紧固，在运输或长期运行过程中出现振动现象导致松脱。

（3）拐臂或关节轴承开裂。导致该现象的主要原因是材料或加工工艺不良、结构设计不合理等。

（4）轴承密封不良。当轴封处所用的密封脂在高温下流失、在低温下凝固，或密封脂牌号用错导致某处的密封圈与密封脂发生化学反应时，会造成轴封卡涩。

### 5.1.3.3　处理措施

在发生快速接地开关拒动故障后，处理原则是先检查电气部分再检查机械部分，先检查设备外部情况再检查设备内部情况。处理流程如图5-13所示。

快速接地开关拒动故障现象及处理方法见表5-5。

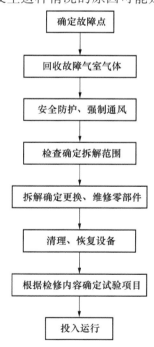

图5-13　快速接地开关拒动
故障处理流程图

表 5 – 5                    快速接地开关拒动故障现象及处理方法

| 异常情况 | 处理方法 |
| --- | --- |
| 分合闸接触器故障 | （1）检查测量机构箱控制电压是否正常，二次回路绝缘是否良好，有无短路现象并做相应处理；<br>（2）检查接触器本体通电后是否正确动作，吸合是否灵活可靠，接触器本体接线端子是否存在接线松动，并紧固；<br>（3）如接触器损坏不可修复，更换合格件后通过试操作验证 |
| 辅助开关故障 | （1）检查辅助开关安装是否存在松动，若松动，应紧固，检查辅助开关传动拐臂连接部分是否可靠；<br>（2）测量辅助开关切换后每副接点是否可靠通断；<br>（3）对于不能可靠通断的接点，调整二次线接至其余正常的备用接点，如接点损坏情况严重，更换辅助开关，二次线重新接入后通过试操作验证 |
| 二次接线及电机故障 | （1）检查机构箱二次回路，确定二次接线故障点；<br>（2）发现有二次线或者接线端子接触不良，重新紧固；电机烧损，更换电机备品 |
| 操动机构卡涩 | （1）打开机构箱检查箱体内部是否受潮，检查加热器和温湿度控制器是否能够正常工作；<br>（2）检查机械传动部件是否存在锈蚀，涂抹的润滑脂是否均匀，并清理沉积油灰和污垢；<br>（3）对锈蚀部件进行处理，如果情况严重需更换，如加热器或者温湿度控制器存在故障进行相应处理，并同时检查确认箱体密封性良好 |
| 操动机构内部连接螺栓松动、轴销脱落 | （1）紧固或者复装松动的连接螺栓和轴销，对于有力矩要求的螺栓应使用力矩扳手紧固到位并做好标记；<br>（2）对箱体内其他连接螺栓或者轴销做全面检查，并做好标记，以便于定期检查比对；<br>（3）通过多次试操作验证机械传动灵活可靠 |
| 拐臂或关节轴承开裂 | （1）对拐臂或者关节轴承的材质进行金属检测，验证材料的合格性，检查部件加工工艺是否满足要求；<br>（2）新部件经过检验合格后予以更换 |
| 轴承密封不良 | 清理残留密封脂，更换密封圈，重新均匀涂抹正确牌号的密封脂 |

## 5.1.4　SF$_6$气体泄漏

### 5.1.4.1　异常情况描述

GIL 设备依靠充入 SF$_6$气体来保证其绝缘性能，通常 SF$_6$气体系统包括密度继电器、阀门或自封接头、气管和 $SF_6$ 气体。而漏气几乎在任何密封部位都有可能发生，包括静密封，如接地开关、母线、套管等装配对接的密封面等；动密封，如配管及阀门的密封、本体间的密封等。

$SF_6$ 漏气最直接的表现是气室的压力降低，发生快速泄漏时，$SF_6$ 气室压力快速降低到报警位置，可通过后台或者 $SF_6$ 表计直接查看；当发生缓慢泄漏时，压力不会直接降到报警值，而是有一个缓慢下降趋势，遇到这种情况，则需要对该气室进行红外检漏（见图 5-14）、泡沫法（见图 5-15）、包扎法等进行检测；在密闭环境中，如室内 GIL、隧道 GIL 等，可以监测密闭环境的 $SF_6$ 浓度，从而监测 $SF_6$ 的泄漏。

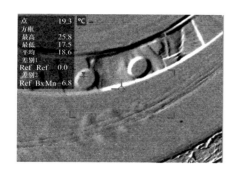
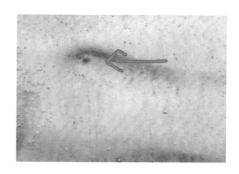

图 5-14　$SF_6$ 气体泄漏红外成像检测谱图　　图 5-15　泡沫法准确定位砂眼位置

### 5.1.4.2　原因分析

GIL 设备发生 $SF_6$ 气体泄漏的主要原因有以下几方面。

（1）工厂制造阶段，导致发生 $SF_6$ 气体泄漏的原因包括：

1）盆式绝缘子的支撑强度及密封性能不符合要求，密封垫圈本身存在缺陷，密封面贴合不良；

2）设备存在吸附剂泄漏，阻塞逆止阀归位，导致漏气现象；

3）在 GIL 设备装配过程中，将零件错装或漏装；

4）设备外壳有砂眼等。

（2）在 GIL 设备现场安装时，导致发生 $SF_6$ 气体泄漏的原因包括：

1）起吊方式的不恰当和安装时未使用专用工具，易造成设备内部结构的损坏；

2）安装工艺不符合要求，如密封垫圈安装位置偏移；

3）安装完成充入气体后，未使用检漏仪检查设备各密封处的密封性。

（3）在 GIL 设备投运后，导致发生 SF$_6$ 气体泄漏的原因包括：

1）密封材料老化，导致密封性能下降；

2）GIL 设备上阀门中的波纹管开裂；

3）GIL 设备在补气、测微水等操作后，阀门闭合不严；

4）运维人员对 GIL 设备运维技术不熟练，缺少 GIL 设备操作的专业技术指导，包括 GIL 设备抽真空工艺、漏气后的查找方法、吸附剂更换以及烘干处理工艺等。

### 5.1.4.3  处理措施

SF$_6$ 气体泄漏处理流程如图 5-16 所示。

（1）确定泄漏点。GIL 设备发生 SF$_6$ 气体泄漏事故后，气室气压成下降趋势或已经发生报警，可根据气室 SF$_6$ 压力值初步判断故障气室位置，并利用智能巡检机器人或人工排查对疑似故障点进行检查，确定故障位置。

（2）查找泄漏原因以及处理。对泄漏点漏气情况进行检测，根据检测结果以及具体的运行情况来决定实际的处理方法。若漏气速率较慢，且不影响正常运行，可采用不停电补充气的临时处理方式；若漏气情况严重，则需停电处理。对于静密封面漏气现象，如果是绝缘子开裂造成的漏气，需要停电并更换相关部件。具体方法如表 5-6 所示。

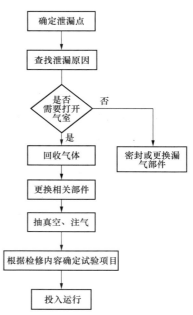

图 5-16  GIL 气体泄漏处理流程

表 5-6                          常见的 SF$_6$ 气体泄漏处理方法

| 原因 | 处理方法 |
| --- | --- |
| 密封圈安装工艺不达标、老化、变形 | 更换合格密封圈并对法兰面注胶 |
| 壳体或铸件存在砂眼 | 弥补砂眼，必要时更换壳体或铸件 |
| 壳体或铸件开裂、磕碰、划伤 | （1）使用专用卡箍对漏气的部位进行临时封堵；<br>（2）结合停电，更换相关部件 |
| 表计、阀门或管道泄漏 | 相应更换表计、阀门或管道 |

（3）抽真空、注气：见 5.1.1.3（5）条。

（4）根据检修内容确定试验项目：若不开盖处理，需进行 SF$_6$ 密封试验或者检漏；若开盖处理，需要进行回路电阻测试、微水以及耐压等试验。

## 5.1.5 外壳或支撑件变形、损坏

### 5.1.5.1 异常情况描述

GIL 外壳本质上是一种是容纳绝缘气体的抗压力容器，在承担着设备所有的荷载的同时，还承受由基础的沉降、环境温度变化、端子拉动等问题对其机械性能的考验。当外界因素作用下产生的位移不能得到有效补偿时，外壳或支撑件将承受较大的应力，可能会引起基础变形、连接支撑件破损等缺陷，例如底座翘曲、固定支架地板与基础开裂、支腿焊缝开裂、L 板支撑螺栓变形、伸缩节不规则变形等，如图 5-17 所示。在壳体或法兰受力过大的情况下，还会造成局部机械损伤，引起密封性能下降导致 $SF_6$ 气体泄漏，甚至导致壳体开裂、盆式绝缘子破损等严重故障，对电网及设备的安全可靠运行造成严重威胁。

（a）　　　　　　　　　　　（c）

图 5-17　外壳、支撑件变形损坏

（a）固定支架变形；（b）支架焊缝开裂；（c）伸缩节不规则变形

### 5.1.5.2 原因分析

导致 GIL 外壳或支架变形的原因可以分为外部因素和设备自身因素两大类。外部因素主要是指基础不均匀沉降、环境温度剧烈变化以及突发的风力、地震力等，设备自身因素主要包括固定支架强度不足、滑动卡涩以及伸缩节设计选误、现场安装工艺不良等。

（1）固定支架强度不足。在运行过程中，GIL 每段壳体上产生的热胀冷缩变

形量被安装的补偿型伸缩节吸收，同时受到间隔段两端固定支架的约束。由于变形量沿 GIL 管路轴线向两端叠加，至间隔段两端达到最大，使得此处承受的作用力明显升高，最终传递到壳体底部固定支撑的支架上。部分制造厂在设计母线固定支架时，只考虑了垂直承载力计算和校核，未考虑伸缩节变形时对支架的水平反作用力，一旦作用力超过支架或固定螺栓的抗拉强度，就会发生固定螺栓变形、支架弯曲、支架与壳体焊接处开裂或支架从基础底面拔出等情况。

（2）滑动支撑座滑道卡涩。当 GIL 间隔段较长时，通常会在两个固定支架中间设置一个或多个滑动支撑，并安装伸缩节进行壳体变化量补偿。滑动支撑通常采用配有塑料滑道的鞍形座形式，鞍形座上固定抛光的不锈钢板，滑道两侧设置塑料材质导向挡块，以阻止其横向移动。一旦发生滑道支撑座变形、滑道上有异物或导向挡块发生偏移等问题，设备无法正常滑动，导致管路拱顶、外壳变形或焊缝开裂等现象。

（3）伸缩节设计选型不合理。制造厂在 GIL 设计选型过程中，虽然遵循了相关国家或行业标准，但未充分考虑工程实际运行的极限环境温度或未准确计算出设备总变形量等因素，或计算使用的材料膨胀系数与实际设备不符，导致伸缩节不能完全补偿壳体热胀冷缩引起的位移量。部分气室连接使用安装调整型伸缩节，但该类型伸缩节主要用于吸收因安装基础不平或安装孔距超差造成的安装误差，而无法完全补偿因热胀冷缩作用等产生的伸长位移，导致两端头的工字钢各自向外明显倾斜甚至发生断裂。

（4）伸缩节现场安装工艺不良。由于现场安装工艺执行错误导致，如伸缩节固定螺栓内外侧均为拧紧状态，或在充气后放开了伸缩节外侧紧固螺母，使母线罐体上产生了额外的机械应力，再叠加上温度应力及盲板力，超出了材料的许用应力，导致罐体局部开裂。

### 5.1.5.3 处理措施

当外壳或支架变形、损坏已经较为严重，甚至发展为外壳或绝缘子开裂并伴随气体的大量泄漏时，应紧急拉停设备并立即组织开展抢修工作。若外壳或支架仅发生轻微的变形、损坏，或并未影响设备的正常运行，则应尽快组织展开相关检查工作，明确缺陷产生的根本原因，及时制定消缺方案并安排实施，具体流程如图 5-18 所示。

其中异常检查的目的是帮助判断缺陷的产生原因、评估缺陷的严重程度，主要内容包括记录伸缩节标尺位移，检查基础有无明显沉降，发生变形部件对应的气室及相邻气室气体压力有无明显降低、有无气体泄漏现象，壳体内部有无发

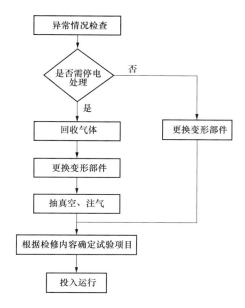

图 5-18 外壳或支架变形处理流程

热。当发现气体泄漏或内部导体发热时，应根据缺陷严重程度决定是否开展应急修理。

导致壳体或支架变形、损坏原因与处理方法如表5-7。

表5-7　　　　　　　　壳体或支撑件变形、损坏原因与处理办法

| 异常情况产生原因 | 处理方法 |
|---|---|
| 环境温度变化过大 | 更换受损部件，必要时重新核算、更换伸缩节 |
| 基础不均匀沉降 | 增加辅助支撑，对松软基础填充加固 |
| 固定支架强度不足 | 重新核算支架强度，加强支撑或更换支架 |
| 滑动支撑滑动卡涩 | 清除滑道异物，更换或调整变形挡块 |
| 伸缩节设计选型错误 | 重新核算并更换伸缩节 |
| 伸缩节安装工艺不良 | 更换损坏部件，对安装不正确的伸缩节进行调整 |

# 5.2　隧道风险及处理措施

## 5.2.1　基础沉降或位移

### 5.2.1.1　异常情况描述

基础不均匀沉降是指建筑物之间同一相互传力的结构基础之间出现不等量

的沉降关系。基础沉降可能是由地基土质的不同特性或环境不同引起的，也可能是由某处基础承受的压力超过容许承载力或地基受力不均而产生的。GIL 管廊输电隧道内，隧道基础上因摆放整体 GIL 设备，对水平和竖向的精度要求很高，不均匀沉降必须控制在相当小的范围内。如果 GIL 设备发生基础沉降或位移，极有可能会导致 GIL 设备损坏，进而危害供电的安全性和可靠性。分析和计算地基的不均匀沉降，并将最终沉降量控制在规定范围内，是亟需解决的一个问题。对于 GIL 管廊输电隧道，发生基础沉降或位移的原因包括以下几方面。

（1）地基。

1）支承地基层软弱。

2）黏土侧向位移。

3）干燥导致黏土层收缩产生沉降。当热量传递到地基内时，黏土层水分蒸发，地基土产生收缩现象，导致发生局部或整体沉降。

4）软土地层厚度不均。

5）跨建在不同种类的土基上。

6）由于设备的自重，引起下部地基滑移，或者引起建筑地段移动滑坡，产生不均匀沉降。

（2）基础和上部结构。

1）采用不同基础结构。若设备一部分被桩基支承，另一部分被加固的地基支承，这样将造成地基结构的受力情况和沉降规律各不相同，易于引起基础的不均匀沉降。

2）采用相同类型的基础结构，但是其形状、分布有明显差异。虽然隧道不同位置采用相同形式的基础结构，但是基础的底面积、桩的长度或间距等显著不同时，也有可能会产生不均匀沉降。

3）在对基础上部设备进行改建、扩建或检修时，改变了原有基础结构的工作状态，造成不均匀沉降。

（3）人为改变建筑物周围环境和条件。

1）地下水位发生变化。因为工业或生活需求大量抽取地下水时，导致局部地下水位下降，使得部分地基失去了水的浮力，从而导致存在地基不均匀沉降的隐患。

2）在已有设备的附近建造新的工程时，造成地基应力重叠。当新工程与旧工程基础间距相近时，将会出现地基应力相互叠加的现象，从而导致地基倾斜。

3）设备运行过程中振动的作用。因设备运行过程中会发生振动的现象，会导致 GIL 设备壳体受力，进而导致基础产生缓慢的不均匀变形和沉降。

### 5.2.1.2 检修工艺

基础发生不均匀沉降或位移的源头是对基础土层等情况勘测不准确，导致基础结构的选择存在问题。因此，在基础处理不均匀沉降或位移事故时，首先需要调查清楚基础的基本状况、基础结构、基础上部 GIL 设备的运行状况等信息。其中，基础的基本状况是事故调查的基本条件；基础结构是调查基础结构的类型、构造、尺寸、材料等方面的物理力学性能；基础上部 GIL 设备的运行状况主要是掌握 GIL 设备因地基不均匀沉降所带来的影响，同时还应该测定 GIL 设备的基础沉降量等。

在以上调查分析的基础上，才可以有针对性地采取相应的措施，达到补强地基的目的。一般有如下措施：

（1）地基土压密、脱水、固结和置换等措施。

（2）采用另设支撑结构。选择较坚硬的持力层，通过桩、支墩或其他新增基础结构，将上部结构的荷载传到地基上。

（3）对上部结构采取加固处理。一般的操作措施有：

1）整体工程轻型化，尽量减少地基压力；

2）合理设计设备构造，控制设备的质量分配，使其与地基承载力相协调；

3）设置伸缩缝或沉降缝，使工程分段；

4）提高工程的整体刚度；

5）设置地下室；

6）加大相邻结构的间距。

采用上述措施时，应注意上部结构的荷载条件和黏土层沉降量的分布形式，必须与其土层地基应力分布形式相似，以便达到均匀沉降的目的。针对地基的不均匀沉降和位移问题时，应该彻底贯彻预防为主的原则，加强设计、施工及运维方面的管理，确保结构安全，从而避免不必要的损失。

## 5.2.2 隧道漏水或进水

### 5.2.2.1 故障描述

在隧道工程中，由于设计和施工质量不良等人为因素或自然灾害等引起工程附近水文特征改变，导致正在施工或已经投运的隧道工程发生漏水或进水的现象，而这些现象可能会影响到工程的进度以及结构的安全。隧道工程漏水或进水具有严重的危害，包括以下几点：

（1）隧道周围形成空洞，危及隧道的结构安全。

（2）隧道工程渗漏水，会使钢筋混凝土结构中的钢筋发生锈蚀，从而降低结构的安全性，降低使用寿命。

（3）隧道工程若发生漏水或进水情况，需常年采用抽水机排水或使用吸湿机或吸湿剂除湿，提高运行成本。

（4）长期运行在潮湿的环境中，隧道内的 GIL 等电力设备会受潮，影响其正常使用功能，降低运行寿命。而工作人员长期工作或生活在潮湿的环境，将会严重影响到工作人员的身体健康。

不难看出，隧道漏水或进水会对工程造成非常严重的影响，而造成隧道漏水或进水的主要原因包括：

（1）设计上的原因。

1）在设计初期，由于调研工作不到位，导致隧道设计在地质破碎带或断带上；

2）地基发生不均匀沉降或位移，导致补砌结构出现缝隙；

3）拆模时间过早或围岩压力过大，超过衬砌体的设计载荷，使衬砌体内应力超过其能够承受的程度，从而导致裂缝的产生。

（2）施工原因。

1）支模钢筋造成底板渗漏水；

2）由于混凝土填充不密实，出现蜂窝、麻面、沟洞等情况，导致混凝土疏松产生渗漏；

3）墙根与地面交界处漏水；

4）钢筋保护层厚度不够，而外部地下水又比较丰富；

5）由于缝中橡胶止水胶带不易固定牢靠，浇筑混凝土时经常跑位，特别是顶板和底板止水带常落到下层钢筋上，从而导致漏水；

6）混凝土中有木楔、砖头、编织袋等杂物时易造成渗漏；

7）在地下水压力较大的地方，由于混凝土设计低于相应的水压，从而导致渗水。

（3）衬砌周围的天然水 pH 值超标，对衬砌混凝土产生碳酸性、酸盐性或镁盐性等腐蚀情况。

（4）施工人员能力不强，无相应的专业技术人员。

#### 5.2.2.2 检修工艺

在运营期间整治隧道漏水，首先要充分发挥原有防排水设施的作用，再采取适当措施，达到整治隧道内漏水或进水现象的目的。常用的整治方法有：

（1）截水。就是将流向隧道的水源截断，防止水源渗入隧道。截水措施分为地表截水和地下截水两种。

1）地表截水方法。

a. 地表处理。当围岩内的水主要由洞顶地表水补给时，应将洞顶表面进行处理，以隔断水源。

b. 洞顶天沟。防止地表水流入隧道，一般应在洞口边设置天沟。

2）地下截水方法。

a. 泄水洞截水。泄水洞一般应设在来水方向一侧，泄水洞的纵向坡度不得小于 3%。

b. 钻孔截水。根据地下水的分布和地质构造条件，在平行导坑和横洞打一定数量的截水钻孔，积水通过钻孔从平行导坑排走，也可汇入隧道侧沟排走。

c. 拦截暗河。在隧道施工过程中不慎沟通了溶洞、暗河与隧道的水流通道，导致发生大量涌水现象，因此，应将隧道分支堵死，恢复原来的流水径路。

（2）堵水。就是防止和杜绝衬砌外围的水自由地从有害径路进入隧道内。常用的堵水方法有：

1）压注水泥砂浆，堵塞混凝土蜂窝等。

2）开挖拱顶，铺设外贴式防水层。

3）增设内贴式防水层。

4）采用聚氨酯（聚氨酯被认为是目前世界上效能较高的防水材料）浆液压浆是有效的堵水措施。

（3）排水。就是给水提供流出的路径，将隧道内的水设法排走。

1）增设排水管，使汇集于衬砌外围的水由排水管排除；

2）利用钻孔在隧道周围形成渗水幕，引导排出地下水，并将其引入洞内水沟排走；

3）在无衬砌的隧道中，可在拱顶加设铁皮，将水引至边墙并由排水沟排出；

4）在漏水比较集中的地方，应用凿岩机将漏水孔眼扩大并穿透衬砌，使其背后的积水通过此孔流入事先在衬砌中凿好的槽内排出。

（4）拱部或边墙漏水的整治方法。

1）用快凝水泥或化学堵水材料封堵；

2）围岩层压注普通水泥或特种水泥浆液；

3）衬砌内灌注速凝止水化学浆液；

4）涂抹防水砂浆等。

（5）为了处理施工缝、伸缩缝、沉降缝渗漏病害，常采用填充弹性防水橡胶条、粘贴橡胶止水带等处理方式。

（6）对于隧道底部冒水的整治方法，主要有：

1）压注水泥砂浆。

2）加深或增设排水沟。

3）翻修隧道底部仰拱或铺底。

此外，做好隧道的防排水设施，是保持隧道干燥、预防隧道病害、保证隧道正常运营的一个重要条件。隧道内有漏水时，应查明水源、漏水位置及漏水量大小，遵循"以排为主，防、截、排、堵相结合，因地制宜，综合治理"的原则进行整治，方可达到防水可靠，经济合理的目标。

下文简单介绍一下排水系统，在隧道低洼处或每个隔断内设置有集水槽，当人员巡视发现水位较高时，手动启动抽水作业。部分隧道内装设有抽水机及水位监测系统，当水位达到设置阈值时，将启动抽水作业，如图 5-19 所示。

（a） （b）

图 5-19　隧道水位监测及自动排水系统

（a）自动排水系统；（b）水位监测

此外，隧道也可通过设置一定坡度（中间高、两端低），实现内部积水自动向两侧自然排出。

以武汉东湖 110kV 电缆隧道为例，该工程通过在每个隔断内设置有集水槽，内装设有抽水泵及水位监测系统，当水位达到设置阈值时，将启动抽水作业；武汉长江隧道辅助设施供电 10kV 电缆隧道采用集水槽加手动抽水泵的方式，当人工巡视发现水位较高时，手动启动抽水作业。

## 5.2.3 有毒有害气体超标

### 5.2.3.1 故障描述

隧道中存在的有毒有害气体一直是隧道施工过程中的主要危险源，如果处置不当极易发生重大安全事故。隧道中有害气体主要有 $CH_4$、$CO$、$CO_2$、$H_2S$、$N_2$、重烃以及微量的稀有气体等。根据化学性质不同，可以将这些有毒有害气体分为可燃气体与有毒气体两大类。

隧道中的可燃性气体主要包括甲烷和一些挥发性有机化合物，主要危害是气体燃烧引起爆炸，从而对设备与人的生命造成危害。可燃气体发生爆炸必须具备一定的条件，即可燃气体、足够的氧气以及火源，三个条件缺一不可。

隧道中的有毒气体可根据它们对人体作用机理分为刺激性气体、窒息性气体和急性中毒的有机气体三大类。刺激性气体包括氯气、光气、双光气、二氧化硫、氮氧化物、甲醛、氨气、臭氧等气体。刺激性气体对皮肤、黏膜有强烈的刺激作用，某些同时会具有强烈的腐蚀作用。窒息性气体包括一氧化碳、硫化氢、氰氢酸、二氧化碳等气体，这些化合物进入机体后会导致组织细胞缺氧。急性中毒的有机气体有正己烷、二氯甲烷等，这些有机挥发性化合物同无机有毒气体一样，会对人体的呼吸系统与神经系统造成危害。

### 5.2.3.2 检修工艺

（1）急救措施。隧道内发生有毒有害气体超标事故后，如发现有人受害，应立即启动应急预案，采取抢救措施。为了提高抢救的效率，有必要了解人体在吸入隧道中常见的有毒有害气体之后的表现以及简单的急救措施。

1）硫化氢（$H_2S$）。

a. 中毒表现：按吸入硫化氢浓度及时间不同，临床表现轻重不一。轻者主要是刺激症状，表现为眼泪、眼刺痛、流涕、咽喉部灼烧感，或伴有头痛、头晕、乏力、恶心等症状。检查可见眼结膜充血，脱离接触后短期内可恢复。中度中毒者黏膜刺激症状加重，出现咳嗽、胸闷、视物模糊、眼结膜水肿及角膜溃疡，有明显头痛、头晕等症状，并出现轻度意识障碍，肺部闻及干性或湿性罗音。重度中毒者会出现昏迷、肺水肿、呼吸循环衰竭，严重时会留下神经、精神后遗症。

b. 紧急处理：吸氧，并注入糖皮质激素。

2）甲烷（$CH_4$）。

a. 中毒表现：接触高浓度甲烷气体后会出现头昏、头痛、恶心、呕吐、乏力等症状。疾病过程中也有可能出现步态不稳、昏迷、运动性失语及偏瘫。长期接触低浓度甲烷气体者可出现头痛、头昏、失眠等症状。

b. 紧急处理：出现症状后要尽快脱离接触至空气新鲜处，有不适者要注意保暖、休息，出现中毒症状者应及时送医就诊。

3）一氧化碳（CO）。

a. 中毒表现：主要症状有头晕、头痛、耳鸣、心悸、恶心、呕吐、无力、面色潮红、口唇樱桃红色、心率快、烦躁、步态不稳、短暂昏迷等。重度患者会有昏迷、瞳孔缩小、肌张力增加、频繁抽搐、大小便失禁等症状。

b. 紧急处理：迅速将患者转移到新鲜空气处，解开中毒者的领口、裤带，使他呼吸不受阻碍。如果中毒者已失去知觉，可针刺人中、十宣等穴位，刺激其呼吸，醒后给其喝大量浓茶。如果中毒者迅速陷入昏迷、面色苍白、四肢冰凉、大汗淋漓、瞳孔缩小或散大、血压下降、呼吸浅而快、心跳过速、体温升高，可判断为中毒，这时的当务之急应立即做不间断的人工呼吸，同时紧急送医抢救。

4）氮氧化物。

a. 中毒表现：吸入气体当时可能无明显症状或有眼及上呼吸道刺激症状，如咽部不适、干咳等。常常在经过6～7h潜伏期后出现迟发性肺水肿、成人呼吸窘迫综合症，可并发气胸及纵隔气肿。肺水肿消退后2周左右出现迟发性阻塞性细支气管炎而发生咳嗽、进行性胸闷、呼吸窘迫。少数患者在吸入气体后无明显中毒症状而在2周后发生以上病变。

b. 紧急处理：急性中毒后应迅速脱离至空气新鲜处并立即吸氧，对密切接触者观察24～72h。肺水肿发生时应使用去泡沫剂如消泡剂，早期、适量、短程应该用糖皮质激素，可按病情轻重程度，给地塞米松10～60mg/日，待病情好转后即可减量。

（2）处理过程。当隧道内发生有毒有害气体超标事故后，会严重威胁到工作人员的生命安全、施工的正常进行以及设备的稳定运行，必须进行及时有效的处理。

1）一旦发现有害气体中毒，应立即安排工作人员沿既定通道紧急疏散，及时撤离现场，并马上通知相关负责人员。

2）将隧道内直流风机开启，做好通风工作，稀释有害气体浓度。

3）将受伤害人员送至上风口，并以就近医院救治为原则。提前对附近医院进行调研，建立联系方式，以备急用。

4）根据灾情制定现场应急措施，在现场布置警戒线，并维护现场秩序，组织做好人员疏散工作。

5）堵截一切火源，禁止开启非防爆灯具或使用非防爆电器，避免产生火花导致爆炸。

6）禁止无关人员进入现场。

7）抢险工作人员必须按电力安全规程中的有关规定做好防止人身伤害的各项措施。

8）在抢险过程中，参加抢险人员应站在上风口，防止有毒有害气体对人身造成伤害。

## 5.2.4　隧道火灾

### 5.2.4.1　故障描述

由于隧道结构复杂、空间狭小、纵深较长、出入口数量少、封闭性强，一旦发生火灾，容易形成蔓延式燃烧，烟雾难以排出，火势扑救、人员疏散和救援难度都十分困难，往往会造成极具有破坏性的严重后果，造成较大的经济损失和较坏的社会影响。GIL 管廊隧道发生火灾的原因包括：

（1）设备绝缘性能下降，发生绝缘击穿事故，在极端情况下可能会导致设备或隧道内易燃物燃烧，蔓延导致火灾事故。

（2）由于设备老化或者损坏，当大电流通过设备时，GIL 母线、伸缩节或者壳体发热，在严重情况下导致火灾。

（3）隧道内人员缺乏安全意识，纵火、乱丢烟头等人为因素也是诱发隧道火灾的重要原因之一。

### 5.2.4.2　检修工艺

当隧道内发生火灾事故时，通常会对设备和工作人员带来严重的损害，造成重大的经济损失和较坏的社会影响。为了降低隧道火灾事故带来的损失，应积极采取有效措施。

（1）隧道发生火灾时，要坚持"救人第一"的基本原则，积极疏散，抢救被困人员，隔离或封洞灭火，有效地控制火势。

1）抢救的重点是已经中毒或受伤的人员，对其他人员，应引导疏散到安全地点。

2）若发生隧道倒塌情况导致人员被因，可选择距被困人员最近、构筑物较为薄弱的部位，采取打洞或破拆救人措施。如果隧道倒塌严重，一时难以打通，应设法先向隧道内部输送空气。

（2）率先抵达现场的工作人员，要查明火势发展情况及其危害程度，调查起火燃烧的物质、性质、部位等状况，分析有无爆炸的可能性。

（3）调查清楚火灾情况之后，构建灭火路线方向和堵截阵地，扑救人员要采取相应的措施进行扑救。

1）直接灭火法。当隧道内火势较小且无爆炸、倒塌威胁时，灭火人员可在做好个人防护、照明、通信联络等各项准备工作后，携带灭火器材进入隧道灭火。

2）转移处置法。当火灾事故位于隧道深处，且有爆炸、倒塌危险时，灭火救援行动难以开展，需要采用机动车辆将燃烧设备牵引出洞，置于安全地带而后采取灭火措施。

3）封洞窒息法。当隧道内发生火灾，且无法采取进洞或牵引出洞灭火时，在内部人员全部撤出的前提下，可采取封堵隧道所有气体进出孔洞，进而断绝空气达到灭火目的。

（4）火灾现场排烟措施。

1）利用隧道内的固定排烟设施排烟。

2）利用公安消防队的排烟装备排烟。

3）利用喷雾水枪排烟。

# 5.3 GIL 典型缺陷与故障案例

## 5.3.1 某水电站 GIL 柱形绝缘子局部放电异常缺陷

（1）基本情况介绍。某水电站 GIL 设备设计了 7 回线路，其中左岸电站 3 回，右岸电站 4 回，分别安装于 4 个出线竖井内部。该水电站的 GIL 为三相独立式结构，气体绝缘为纯 $SF_6$ 气体，固体绝缘部件由环氧树脂浇注而成，包括气密盆式绝缘子、通气盆式绝缘子、垂直段专用的通气盆式绝缘子、水平段专用的柱式绝缘子四种结构。每回线路的大致组成和结构相似，从地下厂房的 GIS 室开始，依次为下平洞段、下竖井段、上平洞段、上竖井段、出线场段、出线套管和架空线路。其 GIL 管路整体示意图如图 5-20 所示，主要参数表如

表 5 - 8 所示。

**表 5 - 8 某水电站 GIL 主要参数表**

| 参数类型 | 参数值 |
|---|---|
| 额定电压 | 550kV |
| 额定电流 | 4500A |
| 额定短时耐受电流 | 63kA/3s |
| 额定峰值耐受电流 | 160kA |
| 壳体外径 | 512mm |
| 壳体壁厚 | 6mm |
| 导体外径 | 180mm |
| 导体壁厚 | 10mm |

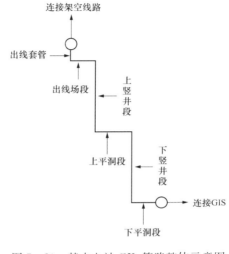

图 5 - 20 某水电站 GIL 管路整体示意图

自 GIL 设备投入运行以来，陆续发现并处理了部分柱式绝缘子局部放电的问题。柱形绝缘子安装在图 5 - 20 的下平洞、上平洞、出线场这三段。

柱式绝缘子外观呈圆柱形，头部直径 50mm、底部直径 70mm、长度 240mm，如图 5 - 21 所示。主要由环氧树脂浇注而成，绝缘子底部设计有弹簧、铜触针、金属底板和垫片。带弹簧的铜触针可伸缩，特氟龙垫片绝缘性能好，表面光滑如图 5 - 22 所示。

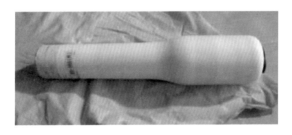

图 5 - 21 柱形绝缘子外观

柱式绝缘子在管路中成对安装，绝缘子头部插入导体的安装孔内固定，底部与管路内壁接触。两只绝缘子呈 120°的八字形，起到绝缘和支撑导体重量的作用，如图 5 - 23 所示。底部特氟龙垫圈使绝缘子与 GIL 外壳内壁柔性接触，避免绝缘子金属尾部划伤外壁或造成外壳局部变形，铜触针使绝缘子尾部的金属板与外壳连通。

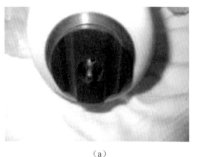

（a） （b）

图 5-22 柱式绝缘子底座外观及底座拆解

（a）柱式绝缘子底座；（b）底座拆解

图 5-23 柱式绝缘子的"八字形"支撑

（2）故障情况描述。该水电站 GIL 共安装柱式绝缘子 260 个，其中发现 11 处存在局部放电。产生局部放电的柱式绝缘子，都是安装在上平洞段，底部特氟龙垫片熔化变形，呈扁平状，部分铜触针失去弹性，在柱式绝缘子底部和管路外壳处有白色粉末产生，如图 5-24 所示。

图 5-24 柱式绝缘子底座放电

（3）故障原因分析。根据高电压技术理论分析可知，柱式绝缘子底部的气隙间距越小，越容易产生局部放电，所以问题的重点在于分析柱式绝缘子气体间隙的产生原因。因此上平洞段柱式绝缘子局部放电是由于存在气体间隙，而气体间隙是由于底座熔化变形，绝缘子的金属底板与外壳接触不良，失去了均压的作用。

1）预热焊接温度过高。现场取样进行加热试验，测得特氟龙底座的熔化温度为 185～195℃，而管路外壳焊接的预热温度设定为 200℃，超过了特氟龙底座的熔化温度。柱式绝缘子距离焊缝，即外壳边缘的距离约为 400mm，铝合金外壳的热传导效应造成绝缘子熔化变形。检查发现，绝缘子距离焊缝越近，熔化越严重，距离越远，熔化变形越少。

2）气体间隙的形成。柱式绝缘子底座的金属底板在浇注时，与环氧树脂一体成型，正常情况下，带弹簧的铜触针将金属底板和管壁连通，起到均压的作用；当底座熔化变形时，就可能造成金属底板与管壁无法接触，形成气体间隙，产生局部放电。

通过上述分析，找出了上平洞段柱式绝缘子产生局部放电的根本原因，在现场焊接预加热时，柱式绝缘子底部的特氟龙垫片熔化变形，造成绝缘子底部的金属板与外壳接触不良，形成了气体间隙，产生局部放电。放电时，外壳的铝合金与 $SF_6$ 气体生成白色粉末 $AlF_3$ 等衍生物。

（4）故障处理措施。

1）将预热温度控制在 180 ℃；

2）适当增大绝缘子与外壳焊缝之间的距离；

3）将管路外壳由焊接改为法兰连接；

4）给 GIL 设备安装局部放电在线监测系统。

## 5.3.2 某水电站 GIL 母线绝缘击穿故障

（1）故障情况描述。2014 年 8 月 29 日 16 点左右，该水电站某线路发生单相接地故障跳闸，技术人员对涉及的设备测试了绝缘电阻和耐压试验，同时对局部放电在线监测数据进行了检查，均未发现异常。2014 年 8 月 30 日该线路通过用机组带 GIL 线路零起升压试验方法查找故障点。当升压到试验电压的 30％时，现场人员发现管线竖井上垂直段有弧光，并发生气体泄漏。后在第八层该线路 C 相一盆式绝缘子下端有直径 1cm 的烧伤孔，外壳已经变色发黄。调阅故障录波，当电压升高到试验电压的 30％的时候对地闪络，故障最大电流 0.8kA。

发现故障点后，技术人员利用内窥镜查看管母线放电后的内部情况，发现分盆式绝缘子下端螺丝连接位置的导体已经熔断，盆式绝缘子灼烧严重，气室内存在大量的气体分解产物，判断在该位置发生了大电流电弧对地放电。

（2）故障原因分析。2014 年 8 月 17 日距离该水电站 20km 位置发生 5.0 级地震，震源深度约为 7km。地震发生后，技术人员在 8 月 20～21 日期间用 $SF_6$ 气体红外泄漏仪对 GIL 和 GIS 设备都进行了排查。重点检查了金属软管、$SF_6$ 密度继电器接头密封和各类法兰密封。检查结果未发现有气体泄漏，并且密度继电器没有报警记录，因此可排除气体泄漏引起绝缘降低而导致放电。

外方技术人员抵达后对外壳开孔，检查了发生断裂的导体，发现断裂面正是导体和盆式绝缘子螺栓连接的位置（见图 5-25）。连接面大部分有烧熔痕迹，小部分平整完好。导体周围还可见不少金属颗粒及气体分解产物。与此同时，还发现第八层盆式绝缘子临近的上下两段的盆式绝缘子的上部也有放电痕迹，且整个气室管道被分解产物污染。该电站 GIL 设备运行以来，4 回线路共 13 处 16 个支柱绝缘子尾部发生过异常放电，且多次出现过漏气和防爆膜鼓包现象。安装过程中高压试验多次发生闪络放电。故障 GIL 被切割返厂后，彻底肢解发现如图 5-25 所示的位置 2 的盆式绝缘子与管壁连接的接触面 360°方向都有放电灼伤的痕迹，断裂导体表面有一条白色拉弧痕迹。

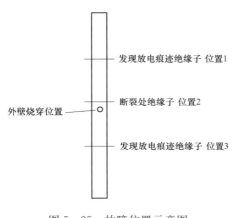

图 5-25　故障位置示意图

综合各项数据，可以推断本次故障可能发生的过程：在运行中图 5-25 位置 1 发生单相接地故障，持续 50ms，放电产生的分解物因重力影响，部分散落到位置 2 盆式绝缘子上端。

根据跳闸后该线路临近局放监测系统捕捉到的局放信号，在故障电流跳闸以后，GIS 母线通过线路断路器端口电容给故障点提供远低于额定值的电压，故障点仍出现强烈放电信号，说明单相接地已经导致该隔室损坏。

零起升压在加压过程中，图 5-25 位置 2 盆式绝缘子因为散落的污染物而首先形成电弧，电弧在燃烧过程中在 360°方向旋转，将位置 2 处的导体接头烧熔断裂，因此该断裂位置有单方向的拉弧痕迹。断裂后导向壳体，壳体持续燃烧，直至烧穿外壳。

（3）故障处理措施。

1）本次故障之后，将故障段母线整体切割并更换重新生产的新母线，整个检修过程使得该水电站一条线路停运 90 天。由于故障期间正是丰水期，线路停运使电厂发电量减少 12.8 亿 kW·h，间接经济损失达 4 亿多元。

2）本次故障的发生，反映了 GIL 在垂直长隧道中运行和故障处理的一些问题：

a. 发生接地短路故障后找寻故障点的方法，通过零起升压方式存在扩大风险；

b. 地震等外部原因可能是位置 1 产生自由粒子导致接地短路的起因；

c. 导体因接触不良发生过热，目前没有有效的监测手段可以发现，从而造成故障扩大，闪络发生后也缺乏技术手段精确定位故障点。

3）随着近些年地震日渐频繁，1 年内 4 级以上地震约有 40％发生在水电站众多的四川和云南。地震对水电站 GIL 和 GIS 运行的影响不可忽视。振动引起螺栓连接松动，从而导致过热，在这方面水电站技术人员应该引起足够的重视。设备生产厂家针对地震活动频繁的地区，在设备的抗震性能上应提高标准。

## 5.3.3  某电厂 GIL 气体泄漏缺陷

（1）基本情况介绍。某电厂 4 回 500kV GIL（其中 1 回预留）由地下 500kV GIS 室通过两个垂直高差约 225m 的出线洞引出到地面出线场，每个引出线洞内布置 2 回 GIL。每个出线洞包括 1 个垂直段和 2 个水平段，分为下平洞、竖井和上平洞三个部分。出线场内布置有 GIL 出线套管、避雷器等出线设备。额定电流 4000A，额定电压 550kV，$SF_6$ 额定压力 0.59MPa，年漏气率（每个隔室）<0.3％，最大气室长度 116 m，外壳材料为铝合金。

（2）故障情况描述。通过巡检发现 GIL 某线 B 相 4 号气室 $SF_6$ 气体压力逐渐下降，确定存在漏气点，$SF_6$ 气体压力值如表 5-9 所示。

表 5-9　　　　GIL 某线 B 相 4 号气室 $SF_6$ 气体压力

| 时间 | $SF_6$ 压力（MPa） |
|---|---|
| 2013.9.26 | 0.607 |
| 2013.9.29 | 0.605 |
| 2013.10.3 | 0.604 |
| 2013.10.20 | 0.596 |

利用压降法计算年漏气率 $F_y$，即 $F_y$ =（0.607-0.596）/24×365×100％= 16.7％，严重超出要求值。

（3）故障处理措施。

1）将漏气的气室气压降低到 0.1MPa，保持微正压。

2）拆除临时修复用的铝质补丁，将漏气点边缘及铝质补丁彻底清洁干净。

3）打磨漏气点边缘以及补丁内壁直到平滑。

4）制作一块合适大小的铝质补丁（50mm×130mm），补丁边缘打磨平滑，用一根扎带将铝质补丁紧紧压在 GIL 管壁上，并用电焊将其固定住。

5）拆除扎带，再将铝质补丁完全焊在 GIL 管壁上。

6）将气室气压恢复到正常值 0.6MPa，重新恢复送电。

7）设备运行期间，加强红外测温技术的运用，及时发现电气联接的温度异常。

### 5.3.4 某变电站 GIL 母线变形缺陷

（1）缺陷情况介绍。某变电站安装的 GIL 母线较长，厂家设计采用了"点对点"间自适应变形框架结构，母线两端和 L 型母线处均固定，仅在 Z 型母线下端 X-Y 轴方向可以活动，滑动范围仅为±30mm，并且在±30mm 处有挡块阻止继续滑动。但是在实际安装过程中发现，一旦出现温差，GIL 管道母线经常会出现滑动现象并且滑动范围超过±30mm，GIL 管道母线存在拱顶现象隐患。

（2）缺陷原因分析。该变电站常年温度变化范围为−25～40℃，根据厂家的设计原理计算可得，GIL 设备所处环境温度变化范围为 65k，这样的情况就需要考虑以下三个问题：

1）热伸缩量±30mm 是否满足伸缩滑动的要求。

2）GIL 母线的变形是否会影响内部盆式绝缘子，造成漏气甚至破裂。

3）GIL 母线的滑动是否会影响密度继电器，因为密度继电器固定在支架上，不随 GIL 母线的滑动而滑动。

（3）缺陷处理措施。

1）处理前，母线两端和 L 型母线处均固定，仅在 Z 型母线下端 X−Y 轴方向可以活动，滑动范围也仅±30mm。处理后，对于 Z 型母线的滑动支撑设置了两个方向的自由度，同时为了消除母线热胀冷缩时对气路配管的影响，将密度继电器移位至可与母线壳体一起进行热胀冷缩滑动的支架上，并且增长相应的接地线。

2）为了配合 Z 型母线的滑动支撑间隙尺寸的增加，对 Z 型母线顶部相间拉筋的结构也进行了改造，由固定式结构改为相间可有相对错位的框架式结构。

3）由于 Z 型母线的滑动支撑自由度的增加导致母线端部热伸缩变位过大，

因而对离 Z 型母线很近的母线端部支撑结构进行改造，由固定支撑改为滑动支撑。该滑动支撑也设计了两个方向的滑动尺寸，短直母线方向 50mm，长直母线方向 150mm。

4）对 Z 型母线和 L 型母线近旁的母线支撑用的 U 型螺栓进行加粗，由原来的 M16 螺栓改为 M30 螺栓。

### 5.3.5 某换流站 GIL 绝缘子炸裂故障

（1）基本情况介绍。某换流站 500kV GIL 于 2014 年 6 月 30 日投入运行，GIL 设备采用分段连接形式，外壳通过法兰连接，内导采用插接方式进行连接。

（2）故障情况描述。2014 年 8 月 31 日，第三大组交流滤波器 ACF3 连线保护动作，断路器跳闸。由故障录波图可以发现，故障时 A 相短路电流最大为 32.852kA，持续时间约为 40ms，B、C 相最大电流约为 57A，初步判断 A 相为故障相。

故障发生后，对故障间隔设备外观检查，未现异常；对故障间隔三相共 9 个气室进行 $SF_6$ 气体微水及组分测试，发现 ACF3 A 相靠近出线套管气室内部 $SO_2$ 气体含量达到了 $58\mu L/L$，远高于标准规定值，确定故障单元在 A 相靠近出线套管处。故障位置确定后，对 GIL 故障单元进行了现场开盖检查，检查发现该单元三支柱绝缘子（简称支撑绝缘子）发生炸裂，管道内散落绝缘件炸裂碎片，外壳内壁和导体上附有大量粉尘，如图 5-26 所示。

图 5-26　现场开盖检查情况

为查明故障原因，对故障单元进行拆解并运回厂家进行解体检查分析。解体检查发现，支撑绝缘子左下侧的一个支柱已完全炸裂，碎片散落在壳体内部，壳体内部有大量的白色粉尘，如图 5-27 所示。通过对散落的部分绝缘子碎片拼接复原，可以看出故障支柱从内部炸裂，并且炸裂的表面已经碳化变黑，而支柱表面没有放电碳化的痕迹，如图 5 - 28 所示。

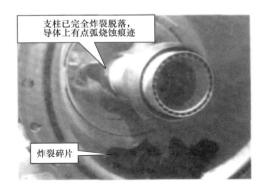

图 5 - 27　支撑绝缘子损坏情况

图 5 - 28　支撑绝缘子内部和外表面情况

（3）故障原因分析。从现场开盖检查及厂内解体检查情况可以推断，该次故障起源于所炸裂绝缘支柱内部击穿，在其击穿短路放电瞬间，大于 32kA 短路电流的巨大能量导致绝缘子热爆炸，碎片飞散到壳体内部的不同位置。

为了验证绝缘子内部缺陷对此次故障的影响，分别对绝缘件内部存在气泡和同时存在气泡、气隙两种缺陷情况进行仿真计算。

仿真结果表明，气泡处场强最大值达到 22.73kV/mm，气隙处的场强最大值达到 52.03kV/mm，均高于其附近绝缘介质场强，且有气隙时的电场强度接近于无气隙时的 3 倍。根据介质击穿理论，在绝缘介质中，电场越强的部位越容易发生局部击穿放电，并导致缺陷逐步扩大。因此，如果绝缘件内部有缺陷，在运行过程中，更容易引起绝缘内部击穿放电。

　　通过逐步排查，绝缘件内部缺陷产生于生产过程中，支撑绝缘子采用环氧树脂真空浇注成型工艺，在厂家的生产方案中明确了生产该型号绝缘子选用的浇注材料、真空浇注设备，并对原材料的预处理、混料、浇注、固化及脱模工艺条件进行了要求。真空浇注成型工艺是保证绝缘子性能的关键，真空浇注罐的真空度、浇注及固化时的温度选择、脱模温度、浇注件的冷却速度和工序时间等任何一个环节控制不严，都有可能出现不均匀浇注的情况。环氧树脂浇注材料在固化过程中因交联及温度的变化产生胀缩、体积变化，容易在绝缘子内部出现气隙或气泡等绝缘缺陷。

　　根据上述的分析，该绝缘子炸裂故障的原因如下：支撑绝缘子制造过程中，绝缘子内部存在气泡或气隙等绝缘缺陷，由于现行标准的出厂试验、现场交接试验时加压时间短，而绝缘子内部的气泡或气隙出现的局部放电信号微弱，出厂试验的局放测量和交接试验中的带电局放测试均无法发现，但是在长时间带电运行后，缺陷逐步扩大、劣化，导致了最终的内部击穿放电，再加上故障时较大短路电流的影响，使该绝缘支柱炸裂。

# 6 GIL 试验技术

按照 DL/T 361《气体绝缘金属封闭输电线路使用导则》的规定，GIL 试验主要可以分为型式试验、出厂试验、现场交接试验，具体内容见表 6-1。

表 6-1 GIL 各类试验项目

| 试 验 项 目 | 型式试验 | 出厂试验 | 现场交接试验 |
| --- | --- | --- | --- |
| 绝缘试验 | √ | √ | √ |
| 主回路电阻测试 | √ | √ | √ |
| 辅助和控制回路的试验 | √ | √ | √ |
| 密封试验 | √（取决于使用和额定值） | √ | √ |
| 设计和外观等检查 | | √ | √ |
| SF₆气体试验 | | | √ |
| 温升试验 | √ | | |
| 短时耐受电流和峰值耐受电流试验 | √ | | |
| 外壳强度的验证 | √ | √ | |
| 电磁兼容性试验 | √ | | |
| 隔板压力试验 | √ | √ | |
| 内部故障引起电弧条件下的试验 | √ | | |
| 元件试验 | √ | | √ |
| 滑动触头的机械试验（特殊试验项目） | √ | | |
| 直埋安装时的抗腐蚀试验（如有） | √ | √ | √ |

GIL 的型式试验是为了验证所设计和制造的样机是否符合 GIL 标准和实际运行工况的要求，以确定其能否定型生产和实际使用。GIL 型式试验的样机应包括 GIL 的本体、操动机构（如有）、其他辅助和控制设备，以及其配套使用的状态监测、缺陷/故障诊断和智能化设备。

GIL 的出厂试验是产品出厂发运之前把控产品技术性能和质量的最后一道关口，试验的目的是发现产品所使用的材料、元器件，以及组装和生产过程中可能存在的缺陷和问题，确保每台出厂产品的技术性能和质量水平符合技术条件的规定，并与已经通过型式试验的设备相一致，同时作为现场交接试验的依据。

GIL 的现场交接试验用来确认设备经运输、储存、安装和调试后，是否完好无损、装配正确，所有技术性能指标是否符合技术条件规定。

# 6.1  试验方法

## 6.1.1  主回路电阻测量

通过对 GIL 主回路的电阻测量，可以检查主回路中的连结和触头接触情况，以保证设备安全运行。

### 6.1.1.1  测量方法

（1）直流电压降法。若采用直流电压降法，直流电源可选用电流大于 100A 的蓄电池组，分流器应选用 100A（用于 1000kV 电压等级设备的测试电流应不小于 300A）；直流毫伏表应选用 0.5 级、多量程的 2 只；测试导线应选用截面不小于 16mm² 的铜线。

直流电压降法的原理是：当在被测回路中通以直流电流时，则在回路接触电阻上将产生电压降，测量出通过回路的电流及被测回路上的电压降，即可根据欧姆定律计算出导电回路的直流电阻值。

（2）回路电阻测试仪法。若采用回路电阻测试仪法，则测试电流不小于 100A（用于 1000kV 电压等级设备的测试电流应不小于 300A）。采用回路电阻测试仪测量 GIL 主回路电阻比较方便、准确。

### 6.1.1.2  测试步骤

（1）试验接线。

1）直流电压降法。直流电压降法接线图如图 6-1 所示。测量时，回路通以不小于 100A 的直流电流，电流用分流器及毫伏电压表 1 进行测量，导电回路电阻的电压降用毫伏电压表 2 进行测量，毫伏电压表 2 应接在电流接线端内侧，以防止电流端头的电压降引起测量误差。

2）回路电阻测试仪法。回路电阻测试仪接线图如图 6-2 所示。测量仪器采用开关电路，由交流电源整流后作为直流电源通过开关转换为高频电流，再经变压器降压最后整流为低压直流作为测试电源。电流不小于 100A（用于 1000kV 电压等级设备的测试电流应不小于 300A），在测量回路中串接一个标准分流器，使其自动调整高频电源的脉冲宽度，达到自动恒定测试电流的目的。在试验接线时，电压线同样应接在电流线端内侧。

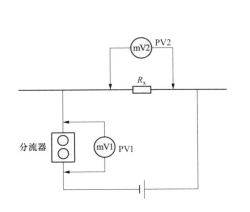

图 6-1 直流电压降法测试 GIL 主回路电阻接线图
PV1、PV2—直流毫伏电压表

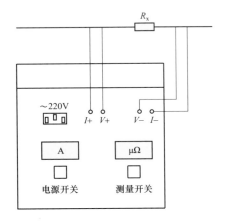

图 6-2 回路电阻测试仪法测试
GIL 主回路电阻接线图

（2）试验步骤。

1）可利用进出线套管注入电流进行整体测量。为有效地找到缺陷的部位，也可以采用分段测量。目前生产的 GIL 接地开关的接地侧与外壳一般是绝缘的，通过活动接地片或软连接将 GIL 金属外壳接地。测试时可将活动接地片或软连接打开，利用回路上的两组接地开关合到待测量回路上进行测量，若少数 GIL 接地开关的接地侧与外壳不能绝缘分隔时，可先测量导体与外壳的并联电阻 $R_0$ 和外壳的直流电阻 $R_1$，并做好记录，然后按式（6-1）计算主回路电阻 $R$。

$$R = \frac{R_0 R_1}{R_1 - R_0} \tag{6-1}$$

2）按图 6-1 或图 6-2 进行接线，接通仪器电源，调整测试电流应不小于 100A（用于 1000kV 电压等级设备的测试电流应不小于 300A），电流稳定后读出回路电阻值（或根据欧姆定律计算出回路电阻值）。如发现 GIL 主回路电阻增大或超过标准值，可进行分段查找，进行处理。

3）测试结束后，将 GIL 接地开关、接地连接片或软连接恢复。

## 6.1.2 温升试验

主回路的温升试验是为了验证 GIL 在运行时的温度不超过各类材料的温度耐受能力。

### 6.1.2.1 试验方法

试验应该在户内、无空气流动的环境下进行，受试设备本身发热引起的气流除外。

按照制造厂的说明书，如果设备可以在不同的位置安装，温升试验应该在最不利的位置上进行。

GIL 温升试验应在试验电流下进行，对于交流 GIL，电源电流应为正弦，其频率偏差不超过 $-5\% \sim 2\%$。

试验应该持续足够长的时间，以使温升达到稳定。如果在 1h 内温升的增加不超过 1K，就认为达到稳定状态。通常当试验持续时间达到受试设备热时间常数的 5 倍时，一般会达到稳定状态。

如果记录到的试验数据足以计算出热时间常数，可以用较大电流预热回路的办法来缩短整个试验的时间。

### 6.1.2.2 温度和温升的测量

应该采取预防措施来减少由于 GIL 的温度和周围空气温度的变化之间的时间滞后引起的变化和误差。

GIL 各部分应该用温度计、热电偶或其他适用的传感器件来测量，它们应被放在可触及的最热点上，如果需要计算热时间常数，在整个试验过程中应按一定的时间间隔记录温升。

使用温度计或热电偶测量时，应该采取以下措施：

（1）温度计的球泡或热电偶应该防止来自外部的冷却（如用干燥清洁的羊毛、棉布等遮盖）。被保护的面积和受试电器的冷却面积相比应该是可以忽略的。

（2）应保证温度计或热电偶与受试部分的表面之间具有良好的导热性。

（3）如果在变化的磁场中使用球泡形温度计，酒精温度计比水银温度计更为适宜，因为后者更易受到变化磁场的影响。

为了计算热时间常数，在不超过 30min 的时间段内，试验过程中应该进行足够的温度测量，并应记录在试验报告或等效的文件中。

## 6.1.3 短时耐受电流和峰值耐受电流试验

该试验可以检验 GIL 主回路和接地回路承载额定峰值耐受电流和额定短时耐受电流冲击的能力。

### 6.1.3.1 试验方法

试验应在有代表性的装配单元上进行，该单元应包括所有的连接方式（螺栓固定的、焊接的、插入的或者其他连接段）以验证连接在一起的 GIL 元件的完整性。如果设计包含可更换的元件和布置方式，则试验应在这些代表性的元件和布置方式处于最严酷的条件下进行。

（1）短时耐受电流试验（热稳定试验）。热稳定试验就是给试品施加产品技术条件规定的短时耐受电流的有效值，持续至规定的时间，对试验电压无规定（一般用低电压）。其目的是考核产品的热容量，检验产品是否能承受热效应产生的破坏能力。

（2）峰值耐受电流试验（动稳定试验）。动稳定试验就是给试品施加产品技术条件规定的峰值耐受电流，持续至规定的时间。其目的是考核产品在短路电流电动力作用下产品的机械强度，检验产品是否能承受电动力产生的破坏能力。

### 6.1.3.2　试验步骤

试验电流的交流分量等于 GIL 的额定短时耐受电流（$I_k$）的交流分量。峰值电流不小于额定峰值耐受电流（$I_p$）。试验电流 $I_t$ 施加的时间 $t_t$ 应该等于额定短路持续时间 $t_k$。

耐受电流试验可以采用动、热稳定联合试验或动、热稳定分开试验两种方法，具体试验方法如下：

（1）动、热稳定联合试验。动热稳定联合试验时，应在额定短路持续时间内的一次试验中同时获得规定的动稳定电流峰值和热稳定电流有效值。

如果不能在规定时间内达到规定的 $I^2t$ 值，则允许相应增加通流时间，但通流时间不得大于 5s。

如果不能获得需要的动稳定电流峰值时，则允许增大电流有效值，而相应地缩短通流时间。

（2）动、热稳定单独试验。

1）动稳定试验。在规定的动稳定电流峰值下，通流时间为产品设计值或用户要求值，试验时的 $I^2t$ 值不得大于额定的 $I^2t$ 值。

2）热稳定试验。热稳定试验时，通流时间可以延长，但不得超过 5s，且 $I^2t$ 值达到额定的 $I^2t$ 值。

3）三相试验时，三相电流交流分量有效值应尽可能相等，任意相电流有效值与三相电流有效值的平均值之差不得大于有效值的 10%。热稳定试验至少应有一相的 $I^2t$ 值不低于额定的 $I^2t$ 值；动稳定试验时的动稳定电流峰值应有一边相不低于规定值。

## 6.1.4 密封试验

气体密封性试验又称泄漏检查或检漏，GIL 中 $SF_6$ 气体的绝缘能力主要依赖于足够的充气密度（压力）和气体的高纯度，气体的泄漏直接影响设备的安全运行和操作人员的人身安全。

### 6.1.4.1 气体密封性试验方法

检漏的方法包括定性检漏和定量检漏两大类。

（1）定性检漏。定性检漏作为判断设备漏气与否的一种手段，通常作为定量检漏前的预检。

1）抽真空检漏。设备安装完毕在充入 $SF_6$ 气体之间前必须进行抽真空处理，此时可同时进行检漏。方法为：将设备抽真空到真空度为 113Pa，再维持真空泵运转 30min 后关闭阀门、停泵，30min 后读取真空度 $A$，5h 后再读取真空度 $B$；若 $B-A<133Pa$，则认为密封性能良好。

2）检漏仪检漏。设备充气后，将检漏仪探头沿着设备各连接口表面缓慢移动，根究仪器读数或其声光报警信号来判断接口的气体泄漏情况。一般探头移动速度以 10mm/s 左右为宜，以防探头移动过快而错过漏点。

（2）定量检漏。定量检漏可以测出泄漏处的泄漏量，从而得到气室的漏气率。定量检漏的方法主要有压降法和包扎法（包括扣罩法和挂瓶法）两种。

1）压降法。压降法适于设备漏气量较大时或在运行期间测定漏气率。采用该法，需对设备各气室的压力和温度定期进行记录，一段时间后，根据首末两点的压力和温度值，在 $SF_6$ 状态参数曲线上查出在标准温度（通常为 20℃）时的压力或者气体密度，然后计算这段时间内的平均年漏气率，即

$$F_y = \frac{P_0 - P_t}{P_0} \cdot \frac{T_y}{\Delta t} \times 100\%  \qquad (6-2)$$

式中　$F_y$——年漏气率；

$P_0$——初始气体压力（绝对压力，换算到标准温度），MPa；

$P_t$——压降后气体压力（绝对压力，换算到标准温度），MPa；

$T_y$——一年的时间（12 个月或 365 天）；

$\Delta t$——压降经过的时间（与 $T_y$ 采用相同单位）。

2）包扎法。通常 $SF_6$ 设备在交接验收试验中的定量检漏工作都使用包扎法进行，其方法是用塑料薄膜对设备的法兰接头、管道接口等处进行封闭包扎，以收集泄漏气体，并测量或估算包扎空间的体积，经过一段时间后，用定量检漏仪

测量包扎空间内的 SF$_6$ 气体浓度，然后计算气室的绝对漏气率 $F$，即

$$F = \frac{CVP}{\Delta t} \qquad (6-3)$$

式中　$F$——绝对漏气率，MPa·m$^3$/s；

　　　$C$——包扎空间内 SF$_6$ 气体的浓度（$\times 10^{-6}$）；

　　　$V$——包扎空间的体积，m$^3$；

　　　$P$——大气压，一般为 0.1MPa；

　　　$\Delta t$——包扎时间，s。

相对年漏气率为

$$F_y = \frac{F \times 31.5 \times 10^6}{V_r P_r} \times 100\% \qquad (6-4)$$

式中　$V_r$——设备气室的容积，m$^3$；

　　　$P_r$——设备气室的额定充气压力（绝对压力），MPa。

对于小型设备，可采用扣罩法检漏，即采用一个封闭罩将设备完全罩上，以收集设备的泄漏气体并进行检测。对于法兰面有双道密封槽的设备，还可采用挂瓶法检漏。这种法兰面在双道密封圈之间有一个检测孔，气室充至额定压力后，去掉检测孔的螺栓，经 24h，用软胶管连接检测孔和挂瓶，过一段时间后取下挂瓶，用检漏仪测定挂瓶内 SF$_6$ 气体的浓度，并计算漏气率。计算公式和上述包扎法的公式相同，只需将包扎空间的体积改成挂瓶的容积即可。

### 6.1.4.2　试验步骤

密封性试验分定性检漏和定量检漏两个部分。

（1）首先采用抽真空法或者检漏仪法对 GIL 进行定性检漏；

（2）抽真空法步骤以及检漏仪法步骤如 6.1.4.1 所述；

（3）定性检漏结束后，应在充气到额定压力 24h 后进行定量检漏。定量检漏在每个隔室进行，通常采用局部包扎法；

（4）将 GIL 密封面用塑料薄膜包住，经过 24h 后，测定包扎腔内 SF$_6$ 气体的浓度并根据式（6-3）和式（6-4）计算确定年漏气率。

## 6.1.5　外壳的试验

在内部组件按设计压力的试验条件安装之前，对独立的外壳进行试验。

验证试验根据采用材料的不同进行爆破试验或非破坏性压力试验，外壳的压力试验主要手段为水压试验。

#### 6.1.5.1 试验方法

容器水压试验的连接形式按图 6 - 3 进行,试验装置以水为介质,向容器加压,验证外壳的容器的外壳强度。

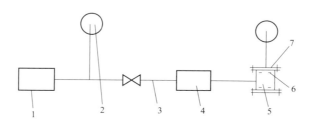

图 6 - 3 压力容器水压试验图

1—水压试验装置;2—压力表;3—管道;4—专用接头;5—容器;6—密封圈;7—工装

#### 6.1.5.2 试验过程

将试件内外表面脏污清除干净,若在筒体表面涂防锈底漆时,应将焊缝及其两侧 20mm 范围内留出,不刷底漆。

将试件水压试验时所需专用夹具形状、尺寸、数量确认后,用抹布擦拭干净。

检查 O 形密封圈表面无损伤后,将 O 形密封圈均匀地涂抹润滑脂后,缓慢挤压,按照进工装密封槽内。

用规定规格的螺杆将工装连接在试件上,螺母要求对称交叉拧紧,如图 6 - 4 所示。

对有防锈要求的工件,应使用防锈水作水压介质,其他可用自来水。操作时应将水灌满容器,同时确保容器内部的气体全部排出,试验过程中应保持容器观察表面的干燥。

(1)非破坏试验。试验时压力缓慢上升至设计压力,确认无泄漏后继续升压到规定的试验压力,保压 5min,降至设计压力,保压 2min 对所有焊接接头和连接部位进行检查,检查期间压力应保持不变。符合下列情况合格:无泄漏、无可见的变形、试验过程中无异常响声。

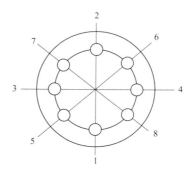

图 6 - 4 螺栓紧固图

考虑非破坏性试验采用应变指示技术,应采用如下的试验程序:

1)试验前,能够指示 0.05mm/m 变形的应变计应提前贴在外壳表面,应变计的数量、位置和方向的选择应可以测出整个外壳上所有关键点上应力和应变值。

2）水压试验时应按 10% 的梯级逐步施加静态水压力至预定设计压力的标准试验压力或外壳的任一部分出现明显变形为止。

3）当加压达到其中之一的要求时，不可再继续进行加压。

4）应在压力升高过程中和重复下降过程中分别读取其应变量。

5）如果外壳无明显的普遍变形的证据，则局部持久性的信号指示可忽略。

6）如果所记录的应变—压力曲线呈非线性，可以重新加压，但不超过 5 次，直到对应于连续两个周期。

7）循环的加载和卸载曲线应实现吻合。如果未吻合，那么设计压力和试验压力应根据最终卸载过程曲线的线性范围来选取。

8）如果在应变—压力关系曲线的线性部分已达到了标准试验压力，则预定的设计压力应予以确认。

9）如果最终试验压力值或相应于应变—压力曲线的线性部分的压力范围小于标准试验压力，则设计压力为

$$P = \frac{1}{1.1k}\left(P_y \frac{\sigma_a}{\sigma_t}\right) \qquad (6-5)$$

式中　$P$——设计压力；

　　　$P_y$——压力值，在此压力下有明显的变形或外壳卸载之后其应变符合应变—压力曲线的最大应变部分；

　　　$k$——标准试验压力系数，铝板和钢板焊接外壳取 1.3，铸铝或合成铝合金外壳取 2；

　　　$\sigma_t$——试验温度下的允许设计应力；

　　　$\sigma_a$——设计温度下的允许设计应力。

可以任意选择两种破坏性压力试验程序的其中之一。

（2）破坏试验。对有水压破坏要求的压力容器，要求在气密试验后进行水压破坏试验。

水压破坏试验过程：当压力容器器壁金属温度与液体温度接近时，缓慢升至设计压力，确认无泄漏后继续缓慢升压到规定的破坏试验压力，保压 30min，进行检查。符合下列情况合格：无泄漏、试验过程中无异常响声。

### 6.1.6　外壳焊接试验

外壳焊接试验（见图 6-5）主要是通过超声波检测 GIL 外壳焊接质量。

#### 6.1.6.1　试验前准备

焊缝超声波检测前准备工作的要求和注意事项有：

（1）焊缝外观检查。被检焊缝的外观质量及外形尺寸应满足相应产品标准要求。

（2）检测面的选择。应按工件检测技术等级、现场情况等选择合适的探伤面。

（3）超声波探头的选择。

1）频率一般在 2～5MHz 范围内选择，推荐选用 2～2.5MHz 公称频率检验。特殊情况下可选用低于 2MHz 或高于 2.5MHz 的检验频率，但必须保证系统灵敏度的要求。

2）斜探头的折射角或 $K$ 值（折射角正切值）应根据材料厚度、焊缝坡口型式及预期探测的主要缺陷种类来选择。钢制材料不同板厚推荐的探头角度和探头数量参见 NB/T 47013.3—2015《承压设备无损检测第 3

图 6-5　外壳焊缝试验

部分：超声检测》表 18；铝制探头一般选 K 值为 2 的探头，特殊情况可选其他参数。

3）当检测面曲率半径 $R \leqslant W2/4$（$W$ 为探头的宽度或长度）时，探头碶块应进行修磨，使其与检测面相吻合。修磨后的探头应重新测定入射点的折射角。

（4）工件表面处理。

1）清除检验面探头移动区的焊接飞溅、锈蚀、氧化物及油垢等杂物，必要时表面应打磨平滑，打磨宽度至少为探头移动范围；

2）需要去除余高的焊缝，应将焊缝打磨至与邻近母材齐平。

（5）仪器和探头系统的调节。

1）在标准试块 CSK-ⅠA 上测量所用斜探头的实际前沿、$K$ 值。

2）利用同材质标准试块或对比试块，调节检测系统的时基线比例，使得仪器上的指示值能正确反映标准反射体位置或尺寸，并将最大检验范围应调节至荧光屏时基线满刻度的 $\frac{2}{3}$ 以上。

3）利用标准试块或等效对比试块实测各反射体反射波的波幅，测量时务必使反射波在荧光屏上的位置或其读数值能够准确地表征反射体的水平位置或深度；调节仪器上的分贝值旋钮或按键，使得各反射波的幅度为同一波高（推荐选择的基准波高为荧光屏满刻度的 60% 或 80%）；记录各反射体的水平位置或深度以及其反射波幅度为基准波高时的分贝值，并在坐标纸或仪器上绘制距离—幅度（DAC）曲线，曲线应包含评定线、定量线以及判废线。

4）壁厚为 6～120mm 钢制压力容器对接接头距离波幅曲线按表 6-2 选取。

**表 6-2　　　　壁厚为 6～120mm 钢制压力容器对接接头距离波幅曲线**

| 试块型式 | 板厚（mm） | 评定线 | 定量线 | 判废线 |
|---|---|---|---|---|
| CSK-ⅡA | 4～46（包括 46mm） | $\phi2\times40-18dB$ | $\phi2\times40-12dB$ | $\phi2\times40-4dB$ |
| | 46～120（包括 120mm） | $\phi2\times40-14dB$ | $\phi2\times40-8dB$ | $\phi2\times40+2dB$ |
| CSK-ⅡA | 8～15（包括 15mm） | $\phi1\times6-12dB$ | $\phi1\times6-6dB$ | $\phi1\times6+2dB$ |
| | 15～46（包括 46mm） | $\phi1\times6-9dB$ | $\phi1\times6-3dB$ | $\phi1\times6+5dB$ |
| | 46～120（包括 120mm） | $\phi1\times6-6dB$ | $\phi1\times6$ | $\phi1\times6+10dB$ |

5）壁厚为 120～400mm 钢制压力容器对接接头距离波幅曲线按表 6-3。

**表 6-3　　　　壁厚为 120～400mm 钢制压力容器对接接头距离波幅曲线**

| 试块型式 | 板厚（mm） | 评定线 | 定量线 | 判废线 |
|---|---|---|---|---|
| CSK-ⅣA | 120～400 | $\phi d-16dB$ | $\phi d-10dB$ | $\phi d$ |

**注**　d 为横孔直径。

6）铝及铝合金接头距离波幅曲线按表 6-4 选取。

**表 6-4　　　　铝及铝合金接头距离波幅曲线**

| 评定线 | 定量线 | 判废线 |
|---|---|---|
| $\phi2mm-18dB$ | $\phi2mm-12dB$ | $\phi2mm-4dB$ |

7）根据工件表面状况，设定声能传输损失，一般补偿 2～4dB。

### 6.1.6.2　检测方法

焊缝超声检测工作的主要内容和技术要求如下：

（1）探头移动区母材扫查。采用纵波直探头对探头移动区域进行扫查，确认该区域不存在影响横波检测的"欠缺"。

（2）焊缝检测。

1）检测时选定的扫查灵敏度应不低于最大声程处的评定线灵敏度。

2）在保持声束垂直焊缝探头作前后移动的同时，探头还应作 10°左右的摆动。

3）探头的扫查速度应不超过 150mm/s，相邻两次探头移动间隔保证至少有探头宽度 10%的重叠。

4）反射回波的分析。对波幅超过评定线的反射回波，或波幅虽未超过评定线但有一定长度范围的来自焊缝被检区域的反射回波，或疑为裂纹等危害性缺陷所致的较弱反射回波，应根据所用的探头、探头位置及方向、反射回波的位置及动态变化情况、焊缝的具体情况（如坡口型式、焊接型式、焊接工艺、热处理情况等）、母材材料及焊接材料和通过增加检测面进行检测等，经过综合分析，判断反射回波是否为焊缝内的缺陷所致；必要时应更换 K 值不同的探头或直探头进行辅助检测，或增加检测方式（如检测时用一次反射法，分析判断时增加串列式检测方法）。

5）缺陷性质判定。根据缺陷的位置及其反射回波动态变化情况、焊缝的具体情况（如坡口型式、焊接型式、焊接工艺、热处理情况等）、母材材料及焊接材料等，通过更换 K 值不同的探头或直探头、增加检测面和检测方式进行检测，综合分析判定缺陷性质的最大可能性。

6）最大反射波幅的测定。对判断为缺陷的部位，采取前后、左右、转角、环绕等扫查方式，并增加探伤面、改变探头折射角度进行探测，测出最大反射波幅并与距离—波幅曲线作比较，确定波幅所在区域，记录为定量线（SL）±dB。

7）位置参数的测定。以获得缺陷最大反射波的位置来表示缺陷位置，根据探头位置和反射波在荧光屏上的位置来确定缺陷在焊缝长度方向的位置、缺陷深度以及缺陷距离焊缝中心线的垂直距离。

8）缺陷尺寸参数的测定：应根据缺陷最大反射波幅确定缺陷当量值 $\Phi$ 或测定缺陷指示长度 $\Delta l$。缺陷当量 $\Phi$ 一般用于直探头检验，采用公式计算、DGS 曲线、试块对比等反复确定。缺陷指示长度一般用相对灵敏度侧长法或端点峰值法进行确定。

对判断为存在缺陷的部位，应在焊缝的表面或母材的相应位置进行标记。

9）缺陷评定。超过评定线的信号，应注意其是否具有裂纹等危害性缺陷特征，如有怀疑应采取改变探头角度、增加探伤面、观察动态波形等手段综合判定。最大反射波幅位于Ⅱ区的缺陷，其指示长度小于 10mm 时按 5mm 计。相邻两缺陷各向间距小于 8mm 时，两缺陷指示长度之和最为单个缺陷的指示长度。

（3）检验结果的分级：按工件要求、检测技术等级等信息按 NB/T 47013.3—2015《承压设备无损检测第 3 部分：超声检测》相关条款进行分级。

（4）仪器和探头系统复核。

1）每次检测后应在对比试块及其他等效试块上对扫描时基线和灵敏度进行

复核。

2）检测工作过程中遇有下述情况时应及时对系统进行复核：①调节好的仪器、探头状态发生改变；②检测者怀疑灵敏度有变化；③仪器连续工作 4h 以上；④所用的耦合剂与系统调节时不同。

3）扫描时基线和距离－波幅（DAC）曲线的复核，应在系统调节时所用的对比试块上进行，复核应不少于 3 点，最大声程复核点的水平距离或深度应大于等于本次检测工作中所需的最大检验范围。

4）扫描时基线复核时，如发现复核点反射波在荧光屏上的位置或读数值与前次调节时相比较，偏移超过 10％，则扫描时基线应重新进行调节。

5）距离－波幅（DAC）曲线复核时，如发现任一复核点的反射波幅下降或上升 2dB，则距离－波幅（DAC）曲线应重新进行绘制。如由于上述第 2）条所述的原因进行复核，且发生需重新调节的情况，则前次调节或复核后已经检验的焊缝要重新进行检验或评定。

## 6.1.7 气体验收试验

本书只介绍充入单一 $SF_6$ 气体的 GIL 中的气体验收要求。

新气到货后应首先检查是否有制造厂的质量证明书，内容包括生产厂名称、气瓶编号、净重、生产日期和检验报告单。

新气到货后一个月内，每批抽样数量按 GB/T 12022《工业六氟化硫》规定执行，并应符合表 6-5 的新气质量标准。

表 6-5 　　　　　　　　　SF₆ 新气质量标准

| 指标项目 | GB/T 12022 指标 |
| --- | --- |
| 六氟化硫（$SF_6$）的质量分数 | ≥99.9％ |
| 空气的质量分数 | ≤0.04％ |
| 四氟化碳（$CF_4$）的质量分数 | ≤0.04％ |
| 水的质量分数 | ≤0.000 5％ |
| 露点（℃） | ≤-49.7 |
| 酸度（以 HF 计）的质量分数 | ≤0.000 02％ |
| 可水解氟化物（以 HF 计） | ≤0.000 10％ |
| 矿物油的质量分数 | ≤0.000 4％ |
| 毒性 | 生物试验无毒 |

#### 6.1.7.1  $SF_6$ 纯度计算

$SF_6$ 纯度为

$$w = 100 - (w_1 + w_2 + w_3 + w_4 + w_5 + w_6) \times 10^{-4} \qquad (6-6)$$

式中   $w$——$SF_6$ 纯度（质量分数），$10^{-2}$；

　　　$w_1$——空气含量（质量分数），$10^{-6}$；

　　　$w_2$——四氟化碳含量（质量分数），$10^{-6}$；

　　　$w_3$——六氟乙烷含量（质量分数），$10^{-6}$；

　　　$w_4$——八氟丙烷含量（质量分数），$10^{-6}$；

　　　$w_5$——水含量（质量分数），$10^{-6}$；

　　　$w_6$——矿物油含量（质量分数），$10^{-6}$。

#### 6.1.7.2  空气、四氟化碳含量的测定

采用带有热导检测器的气相色谱仪侧定六氟化硫中空气和四氟化碳含量。要求所采用的气相色谱仪对六氟化硫中空气、四氟化碳的检测限不大于 $10 \times 10^{-6}$（体积分数）。

#### 6.1.7.3  六氟乙烷、八氟丙烷含里的测定

采用带有火焰离子化检测器的气相色谱仪测定六氟化硫中六氟乙烷和八氟丙烷含量，要求所采用的气相色谱仪对六氟化硫中六氟乙烷、八氟丙烷的检测限不大于 $5 \times 10^{-6}$（体积分数）。

#### 6.1.7.4  水含量的测定

气体验收时 $SF_6$ 中水分的测定主要使用电解法测量。

#### 6.1.7.5  酸度的测定

试样中的酸和酸性物质与过量的氢氧化钠标准溶液发生中和反应，以甲基红—溴甲酚绿为指示剂，用硫酸标准滴定溶液滴定过量的碱，从而测定出试样的酸度。

酸度测定吸收装置如图 6-6 所示。缓冲瓶、吸收瓶均为 300mL 锥形瓶，吸收瓶内各装入 100mL 新煮沸过的水和 4.00mL 氢氧化钠标准溶液。气体分布管口距瓶底 8mm，试样气体流速 500mL/min，通气量 30L，由湿式气体流量计计量。通气完毕，从系统中取下吸收瓶，加入 4～5 滴混合指示剂，用硫酸标准滴定溶液滴定，溶液由蓝绿色变为红色为终点。

#### 6.1.7.6  试样体积的计算

试样体积为

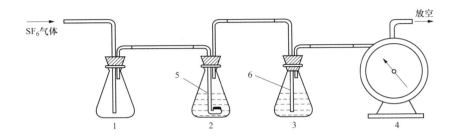

图 6-6 酸度测定吸收装置

1—缓冲瓶；2、3—吸收瓶；4—湿式气体流量计；5—多孔气体分布管；6—开口气体分布管

$$V = \frac{\frac{1}{2}(P_1 + P_2) \times 293.1}{101.3\left[273.1 + \frac{1}{2}(t_1 + t_2)\right]} \times (V_2 - V_1) \tag{6-7}$$

式中　$V$——20℃，101.3kPa 的试样体积的数值，L；

　$P_1$、$P_2$——流量计始态与终态的大气压力的数值，kPa；

　$t_1$、$t_2$——流量计始态与终态的温度的数值，℃；

　$V_1$、$V_2$——流量计始态与终态的读数值，L。

　　酸度（以 HF 计）的质量分数 $w_7$（数值以 $10^{-6}$ 表示）为

$$w_7 = \frac{\left[(V_0 - V_1) + (V_0 - V_2)\right]Mc \times 10^{-3}}{6.08V} \times 10^6 \tag{6-8}$$

式中　$V_0$——空白试验消耗硫酸标准滴定溶液的体积，mL；

　$V_1$、$V_2$——分别为滴定两个吸收瓶溶液消耗的硫酸标准滴定溶液的体积，mL；

　$M$——氢氟酸（HF）的摩尔质量（$M = 20.0$），g/mol；

　$c$——硫酸（$\frac{1}{2}$H$_2$SO$_4$）标准滴定溶液的浓度，单位为摩尔每升（mol/L）；

　$V$——20℃，101.3kPa 时试样体积，单位为升（L）。

　　6.08 为 20℃、101.3kPa 时六氟化硫的密度，单位为克每升（g/L）。

　　取平行测定结果的算术平均值为测定结果。两次平行测定结果的绝对差值应不大于 $0.05 \times 10^{-6}$。

### 6.1.7.7　可水解氟化物含量的测定

　　六氟化硫样品在密封容器中与碱液共同振荡水解。水解生成的氟化物离子，用镧—茜素络合剂显色，比色法测定。

　　首先进行显色剂配制，于 100mL 烧杯中加入 5mL 水、0.13mL 氨水、

1mL 乙酸铵溶液，再加入准确称量的 0.048g 茜素络合指示剂。于 250mL 棕色容量瓶中加入 8.2g 无水乙酸钠，用 100mL 冰乙酸溶液溶解。将烧杯中的溶液滤入此容量瓶中，用少量水洗涤滤纸，再加入 100mL 丙酮。于另一烧杯中加入准确称量的 0.041g 氧化镧和 2.5mL 盐酸溶液（1∶119），微热溶解。冷却后并入容量瓶中，用水稀释至刻度，此显色剂保存于低温暗处，使用期为一个月。

然后绘制工作曲线，于 5 个 100mL 烧杯中各加入 10mL 氢氧化钠溶液，用移液管分别加入 0、0.5、1.0mL，

1.5、2.0mL 氟离子标准溶液。借助酸度计，用盐酸溶液（1∶5）和氢氧化钠溶液调节各溶液的 pH 值，约为 5.0，再分别转移到 100mL 容量瓶中，加入 10mL 显色剂，用水稀释至刻度，于暗处显色 30min，在分光光度计上，使用 2cm 比色皿，于波长 600nm 处，用水调节零点，测定各溶液的吸光度。将 0mL 氟离子标准溶液作空白参比，扣除空白后以氟离子标准溶液中氟离子质量为横坐标，吸光度为纵坐标绘制工作曲线。

取样装置如图 6-7 所示。将 1000mL 取样瓶抽空，使样品经玻璃三通阀缓缓进入取样瓶中，待 U 形管压力计平衡后，再重复抽空 3 次。当取样瓶最后一次抽空时，用注射器注入 10mL 氢氧化钠溶液，然后使样品经玻璃三通阀缓慢进入取样瓶中，待 U 形管压力计平衡后，关闭取样瓶活塞。取样瓶与针形阀及真空系统断开，握在手中振荡。每隔 5min 振荡 1min，操作 1h。倾出瓶中溶液，调节溶液酸度、显色和测定吸光度。

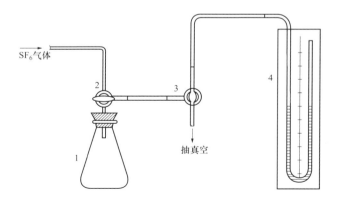

图 6-7 可水解氟化物测定取样装置

1—取样瓶；2、3—真空三通活塞；4—U 形管压力计

#### 6.1.7.8 矿物油的测定

六氟化硫试样气体通过含有四氯化碳的吸收瓶，其中的矿物油被四氯化碳吸收，用红外光谱法测定该溶液在约 2930cm$^{-1}$ 特征波长下甲基、次甲基吸收峰的吸光度，利用工作曲线计算矿物油含量。

首先绘制工作曲线，用四氯化碳和压缩机油配制下述质量浓度的矿物油标准溶液：10、20、50、100、200mg/L，压缩机油的称量准确至 0.0002g。

将矿物油标准溶液分别注入吸收池中，将四氯化碳放入另一同样规格的吸收池中作空白参比，在 2930cm$^{-1}$ 处测定吸光度，以扣除空白后的吸光度对矿物油的质量浓度绘制工作曲线。

按如下测定步骤操作：

1）矿物油吸收装置如图 6-8 所示。吸收瓶内分别装有 70mL 四氯化碳，用冰水浴冷却。试样气体流速 170mL/min，通气量 30L，由湿式气体流量计计量。通气完毕，将吸收瓶中的溶液合并于烧杯中，用 40mL 四氯化碳多次洗涤吸收瓶，将洗涤液并入烧杯中。

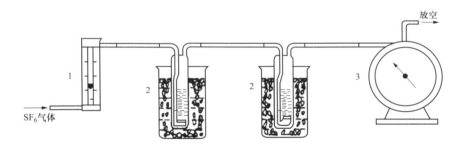

图 6-8 矿物油吸收装置

1—转子流量计；2—吸收瓶；3—湿式气体流量计

2）在通风柜内将烧杯中的溶液小心蒸发至 15mL 左右，转移至 25mL 容量瓶中，在恒温 20℃下，用四氯化碳稀释至刻度。

3）用 180mL 四氯化碳按上述步骤 2）做空白试验。

4）测定样品及空白试验溶液的吸收度，在工作曲线上查出相应的矿物油质量浓度。

#### 6.1.7.9 毒性试验

模拟空气中氧气和氮气含量，配制体积分数为 79% 六氟化硫和体积分数为 21% 氧气的试验气体。使小白鼠连续染毒 24h，观察 72h，检验小白鼠有无中毒症状。

小白鼠无异常表现，则确认该批产品无毒。

小白鼠有异常表现，如低头不吃食、狂跳、死亡等，则另取 10 只小白鼠分两组重新试验。试验结果无异常表现，则产品合格。试验结果仍有异常表现，则视产品不合格。应对有异常表现的小白鼠进行细致的尸体解剖，以进一步证实其异常表现的原因。

## 6.1.8  气体微水测量

通常 GIL 内的 $SF_6$ 气体中都含有微量水分，其多少直接影响 $SF_6$ 气体的使用性能，过量的水分会引起严重不良后果，其危害主要体现在两方面：

（1）大量水分可能在设备内绝缘件表面产生凝结水，附在绝缘件表面，从而造成沿面闪络，大大降低设备的绝缘水平。

（2）水分存在会加速 $SF_6$ 在电弧作用下的分解反应，并生成多种具有强烈腐蚀性和毒性的杂志，引起设备的化学腐蚀，并危及工作人员的人身安全。

所以测量并控制 $SF_6$ 气体微水对设备安全运行以及保障工作人员人身安全具有重要意义。

### 6.1.8.1  $SF_6$ 气体微水测量方法

依据所使用的仪器不同，气体微水测试方法目前主要有电解法、露点法和阻容法三种。其中电解法和阻容法主要用于试验室测量，现场气体微水测试采用露点法，本节主要介绍露点法。

露点法采用露点仪测量 $SF_6$ 气体微水含量，被测气体在恒定压力下，以一定流量流经露点仪测量室中的抛光金属镜面，该镜面的温度可人为地降低并可精确地测量。当气体中的水蒸气随着镜面温度的逐渐降低而达到饱和时，镜面上开始出现露（或霜），此时所测得的镜面温度即为露点。用相应的换算公式或查表即可得到用体积比表示的微水。

### 6.1.8.2  $SF_6$ 气体微水测量步骤

（1）连接好待测设备的取样口和仪器进气口之间的管路，确保所有接头处均无泄漏。

（2）调节待测气体流量至规定范围内。由于气体露点与其流量没有直接关系，所以流量不作严格要求，按说明书要求控制在一定范围内即可。

（3）对光电露点仪，打开测量开关，仪器即开始自动测量。待观察到镜面上的冷凝物或出露指示器已出露；且露点示值稳定后，即可读数。

对目视露点仪，需手动制冷，同时目视观察冷镜表面。当镜面出露时，记下出露温度，同时停止制冷；当温度回升，露完全消失时，记下消露温度。出露温度和消露温度之平均值即为露点。需要注意的是，当镜面温度离露点约 50℃ 时，降速温度应不超过 50℃/min。对不知道露点范围的气体，可先进行一次粗测。

## 6.1.9 交流耐压试验

交流耐压试验是 GIL 耐压试验最常见的方法，它能够有效地检查内部导电微粒的存在、绝缘子表面污染、电场严重畸变等绝缘缺陷。

### 6.1.9.1 试验方法

现场交流耐压试验设备的选择。GIL 现场交流耐压试验设备有工频试验变压器、调感式串联谐振耐压试验装置和调频式串联谐振耐压试验装置。工频试验变压器由于其设备庞大笨重，现场运输困难，一般不在现场使用。调感式串联谐振耐压试验装置采用铁芯气隙可调节的高压电抗器，其缺点是噪声大、机械结构复杂、设备笨重，但试验电压一般为工频。调频式串联谐振耐压试验装置采用固定的高压电抗器，由可控硅变频电源装置供电，频率在一定范围内调节，其特点是尺寸小、质量轻、品质因数高，并且随着电子技术的进步，可靠性大大提高。GB 7674《额定电压 72.5kV 及以上气体绝缘金属封闭开关设备》均认为试验电压频率在 10～300kHz 范围内与工频电压试验基本等效。目前国内外大多采用调频式串联谐振耐压试验装置进行 GIL 现场交流耐压试验，本节将作主要介绍。

调频式串联谐振试验装置适应大容量试品，具有试验电源电压低、功率小（仅需提供试验回路中的有功功率）、试验电压波形良好的特点。

根据 GIL 的电容量和电抗器的电感量计算谐振频率，即

$$f = \frac{1}{2\pi\sqrt{LC}} \tag{6-9}$$

式中　$f$——谐振频率，Hz；

　　　$L$——电抗器电感量，H；

　　　$C$——被试品 GIS 的等值电容和分压器的等值电容之和，$\mu$F。

### 6.1.9.2 试验步骤

（1）试验接线。调频式串联谐振 GIS 交流耐压试验原理接线如图 6-9 所示。试验电压可接到被试相的合适点上，可以利用隔离开关或三通接上检测套管。

（2）试验过程。试验电压应施加到每相导体和外壳之间，每次一相，其他非试相的导体应与接地的外壳相连，试验电压一般由进出线套管加进去。

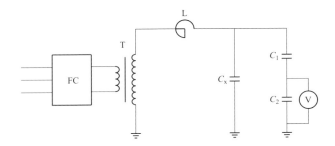

图 6 - 9　调频式串联谐振 GIS 交流耐压试验原理接线图

FC—变频电源；T—励磁变压器；L—串联电抗器；$C_x$—被试 GIS 对地、相间及分压器等效电容；

$C_1$、$C_2$—电容分压器高、低压臂

GIL 现场交流耐压试验的第一阶段是"老练净化"，可使可能存在的导电微粒移动到低电场区或微粒陷阱中和烧蚀电极表面的毛刺，使其不再对绝缘起危害作用。第二阶段是耐压试验，即在"老练净化"过程结束后进行耐压试验，时间为 1min。

1）核对试验接线无误后，合上电源刀闸，然后合上变频电源控制开关和工作电源开关，电路稳定后合上变频器主回路开关，设定保护电压为试验电压大小的 1.10～1.15 倍。

2）按规定速度均匀地升压，先旋转电压调节按钮，把输出功率比调节到 2% 或一个较小的电压，通过旋转频率调节按钮改变试验回路频率大小，当励磁电压为最小、试验电压为最大时，频率即试验回路的谐振频率。

3）试验回路达到谐振频率时开始升压，达到老练试验电压后，计时并读取试验电压，时间到后，继续升压至下一个老练点。老练结束后，确定设备状态正常即可进行耐压试验。

4）按规定的升压速度将电压从零开始均匀地升压至耐压试验电压值（为出厂试验电压值的 80%），读取试验电压，并开始计时 1min。试验结束后，将电压降压到零位，切断开关及电源。

## 6.1.10　冲击耐压试验

冲击耐压试验是为了校核 GIL 在冲击电压下的绝缘能力，冲击耐压试验又可分为雷电冲击耐压试验和操作冲击耐压试验。

### 6.1.10.1　冲击耐压方法

对试品施加标准冲击电压。标准雷电冲击电压是指波前时间 $T_1$ 为 $1.2\mu s$、半波峰值时间 $T_2$ 为 $50\mu s$ 的雷电冲击全波。表示为 $1.2/50\mu s$ 冲击。标准操作冲

击是到峰值时间 $T_p$ 为 $250\mu s$，半峰值时间 $T_2$ 为 $2500\mu s$ 的冲击电压，表示为 $250/2500\mu s$ 冲击，如图 6-10 所示。

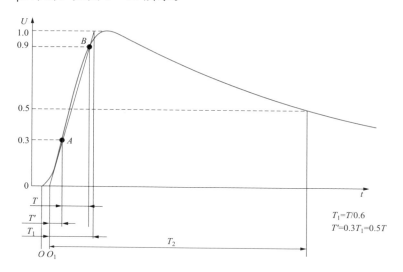

图 6-10　标准全波冲击电压

试验电压一般由冲击电压发生器产生，冲击电压发生器主要由许多电容器组成，电容器先由直流电源并联充电，然后串联对包含试品在内的回路放电。

试验进行时，需要先对试品进行冲击波形的校核，一般可以在较低的峰值电压下对波形进行校核，然后再进行全压冲击试验。但是具有相同设计和相同尺寸的几个试品，在同一个条件下进行试验，只需要校核一次。

### 6.1.10.2　试验程序

对 GIL 的冲击电压试验可以采用两种试验程序。

（1）耐压电压试验程序 1。对试品施加 15 次具有规定波形和极性的耐受电压，如果在自恢复绝缘上发生不超过 2 次的破坏性放电，且按有关技术委员会规定的检测方法确定非自恢复绝缘上无损伤，则认为通过试验。试验程序应按如下规定进行：

1）冲击次数至少 15 次。

2）非自恢复绝缘上不应出现破坏性放电；如不能证实，可通过在最后一次破坏性放电后连续施加 3 次冲击耐受来确认。

3）破坏性放电的次数不应超过 2 次（此次数是指从第 1 次施加冲击至最后 1 次施加冲击的合计破坏性放电次数，且仅发生在自恢复绝缘上）。

4）如果在第 13 次至第 15 次冲击中发生 1 次破坏性放电，则在放电发生后连续追加 3 次冲击（总冲击次数最多 18 次）。如果在追加的 3 次冲击中没有再发生破坏性放电，则认为试品通过试验。

（2）耐压电压试验程序 2。对试品施加 3 次具有规定波形和极性的耐受电压，如果没有发生破坏性放电，则认为通过试验；如果发生破坏放电超过 1 次，则试品未通过试验；如果仅在自恢复绝缘上发生 1 次破坏性放电，则再加 9 次冲击，如再无破坏性放电发生，则试验通过。

## 6.1.11 局部放电测量

几乎在 GIL 的各类缺陷发生过程中都会发生局部放电现象，长期局部放电的存在会使 $SF_6$ 微弱分解、环氧材料腐蚀、绝缘材料电蚀老化。局部放电测量有助于检查 GIL 内部多种缺陷。

### 6.1.11.1 局部放电试验方法

局部放电试验应在耐压试验后，在同一试品上进行，也可以结合交流耐压试验进行。GIL 交接试验中的局部放电测量方法主要有脉冲电流法、超声波法和特高频法。超声波法和特高频法比脉冲电流法对噪声缺乏敏感性，而且可用于局部放电的在线监测。目前脉冲电流法基本在实验室中进行，针对现场的局部放电测量，本节主要介绍超声波法和特高频法。

（1）试验仪器的选择。根据不同的测量原理和方法，可采用不同的检测器。

1）超声波法。超声波法常用的传感器为加速度传感器或超声传感器。为了消除其他的声源干扰，检测频率一般选择 10～200kHz。由于测量频率比较低，采用加速度传感器可能比测超声的声发射传感器有更高的灵敏度，如常用的自振频率为 30kHz 左右的压电式加速度传感器，可以探测到 5～10g 的加速度值。

2）特高频法。GIL 中局部放电可产生几千赫兹到几千兆赫兹的电磁波信号，可以利用内、外置传感器测量从 300MHz～1.5GHz 的局放信号，灵敏度都能达到几 pC 的水平，在某些优化的情况下甚至可以达到 1pC 或更低。

（2）试验原理。

1）超声波法。GIL 发生局放时分子间剧烈碰撞并在瞬间形成一种压力，产生超声波脉冲，类型包括纵波、横波和表面波。GIL 中沿 $SF_6$ 气体传播的只有纵波，这种超声纵波以某种速度以球面波的形式向四面传播。由于超声波的波长较短，因此它的方向性较强，从而它的能量较为集中，可以通过设置在外壳的超声传感器收集超声信号。

从 GIL 外壳上测得的声波往往是沿着金属材料最近的方向传到金属体后，

以横波形式传播到传感器，能监测到的声波包含的低频分量比较丰富，此外，还有导电颗粒碰撞金属外壳、电磁振动及机械振动等发出的声波。因局部放电产生的声波传到金属外壳和金属颗粒撞击外壳引起的振动频率大约在数千到数十千赫兹之间。

超声波法是非入侵式的，可对其在不停电的情况下进行检测。另外由于声波的衰减，使得超声波检测的有效距离很短，这样超声波仪器可以直接对局放源进行定位（定位精度<10cm）且不容易受 GIL 外部噪声源影响。

2）特高频法。电磁波，尤其是特高频电磁波，在 GIL 内部的传递过程是比较复杂的。目前一般可近似地用传输线模型来研究 GIL 中的局部放电信号传输特性。

特高频法采集信号和信号分析一般有宽带法和窄带法，前者采集宽频带的数据，观察局部放电发生的频带和幅值判断局放以及产生的原因；后者在局放频带范围内选定某个频率后用频谱分析仪观察该频率下的时域信号，从而判断局放产生的原因。

特高频法进行局放定位大致分为方向定位法和距离定位法。距离定位法对示波器的要求很高，如为达到 10cm 以内的定位准确度，需要高达 0.1ns 的时间分辨率。方向定位法简单，但是无法得到具体的位置，只能判断电源在传感器的左边还是右边。

### 6.1.11.2 局部放电试验过程及步骤

（1）试验接线。

1）超声波法。超声波法是一种可以在低压侧测量的方法，可在运行的 GIL 中或 GIL 现场交接耐压试验时进行。因此，需要人员手持传感器或在 GIL 上装设传感器进行测量。

2）特高频法。特高频传感器尺寸比较大，可利用绑带直接固定在盆式绝缘子的位置进行测量，直接利用内置传感器效果更好。

（2）试验步骤。结合现场交接耐压试验进行。

1）超声波法。

a. 参考现场环境决定是否使用前置放大器。

b. 做好传感器连接，做好仪器的接地，防止干扰。

c. 测量时应在被试设备和传感器之间使用耦合剂，如凡士林等，以达到排除空气、紧密接触的目的。GIL 的每个气室都应检查，每个检查点间距不要太大，一般取 1m 左右。

d. 按照使用说明书操作仪器，进行测量并记录。

e. 若发现信号异常，则应用多种模式观察，并在附近其他点位测试，尽量找到信号最强的位置。

f. 试验结束后，收置好设备，清除残留在被试设备表面的耦合剂。

2）特高频法。

a. 将仪器放置在平稳位置。

b. 依照被试品条件，使用内置或外置的传感器。

c. 按照使用说明书操作仪器，进行测量并记录。

d. 利用盆式绝缘子或观察窗等位置进行测量，传感器与被试设备尽量靠近，或利用绑带固定到被试设备上，最好对被试的盆绝缘子及相邻的盆式绝缘子进行屏蔽，以防止干扰。

e. 若在某位置上检测到信号，则应延长观测时间，在左右相邻盆子处检查，还可利用双传感器进行定位。若检测到的信号比较微弱，可以利用放大器进行放大后再测量。

f. 试验结束后，恢复现场状况，收置好仪器。

## 6.1.12　辅助回路绝缘试验

应对辅助回路进行绝缘电阻和工频耐受电压试验，检查辅助回路绝缘是否符合技术要求。

### 6.1.12.1　试验项目及方法

（1）绝缘电阻测量。采用 1000V 绝缘电阻表，如辅助回路有储能电机，用 500V 绝缘电阻表。

（2）工频耐受电压试验。耐受工频电压值 2000V，持续时间 1min。

### 6.1.12.2　试验步骤

（1）绝缘电阻试验。将绝缘电阻表测试导线分别接至控制回路端子与外壳（地）之间。

1）试验必须在控制柜中二次线未与主控制室连接前进行。

2）检查绝缘电阻表是否正常，若正常，将绝缘电阻表接地端与地连接，高压端接至辅助回路端子。

3）核对接线是否正确，若正确，驱动绝缘电阻表，读取 60s 时的绝缘电阻值。

4）对控制柜中所有二次回路端子对地进行绝缘电阻测量。

（2）工频耐受电压试验。

1）耐压前，电流互感器二次绕组应短路并与地断开；电压互感器二次绕组应断开。

2）采用电压能达到 2000V 以上小型试验变压器（频率为 50Hz），连接好试验接线，将高压引线牢靠地接至辅助回路端子。

3）接通试验变压器电源，开始进行升压试验，升至 2000V 后，开始计时，耐压 1min 后，迅速均匀降压到零，然后切断电源。

4）对所有二次回路端子对地进行工频耐压，保持 1min。

## 6.1.13　气体密度装置及压力表校验

检验气体密度继电器时，应校验其接点动作值与返回值是否符合其产品技术条件的规定，压力表示值的误差与回差是否在表计相应等级的允许误差范围内。

### 6.1.13.1　试验方法
采用密度继电器校验台对 GIL 使用的密度继电器和压力表进行校验。

### 6.1.13.2　试验步骤
连接密度继电器校验台与 GIL 六氟化硫的气路和节点，试验步骤为：

（1）将被测设备的密度继电器气路与设备本体气路切断，将被测设备的密度继电器控制回路电源切断。

（2）将密度继电器校验台气路连接部分与被测密度继电器的气路连接，将密度继电器校验台节点插座接到被测密度继电器的相应节点上。

（3）调节密度继电器校验台储气缸的压力，使其达到被测密度继电器的报警或闭锁压力。

（4）记录密度继电器达到报警或闭锁的动作值或返回值（记录数值应校正到 20℃时的压力值）。

（5）对于同时安装有压力表的设备，校验报警或闭锁的动作值或返回值时，可同时记录压力表的示值，与密度继电器校验台的给出压力值对比（另外可按需要增校 2～4 不同压力值）。每块压力表的校验应校验 5～8 点。

（6）没有安装的密度继电器校验应按（2）～（5）执行。

## 6.1.14　隔板压力试验

隔板压力试验主要是验证盆式绝缘子的机械性能。

#### 6.1.14.1 试验方法

通过水压试验对盆式绝缘子施加一定的试验压力，验证盆式绝缘子的抗压能力。

#### 6.1.14.2 试验步骤

（1）检查水压工装各法兰面和绝缘子法兰面平面度。

（2）装配盆式绝缘子。

（3）连接输水管并注水。

（4）在较低压力下保压 10min，观察有无压力值下降现象（如果有下降现象，则需要拆掉盆式绝缘子检查或重新进行装配及试验）。

（5）保压 10min 后，继续向水压工装内注水，升压至绝缘子破坏。

（6）卸压并拆卸绝缘子。

# 6.2 试验规则

GIL 的试验主要有型式试验、出厂试验和交接试验，三类试验涉及的试验项目和内容有重叠的地方，其典型试验方法均可参照 6.1 节的内容进行。

## 6.2.1 型式试验

型式试验是为了验证 GIL 的额定值和性能，试验的试品应与正式产品的图样和技术条件相符合。

型式试验应在具有代表性的总装件或部件上进行，具体试验形态和试验单元可以参考表 6-6。

**表 6-6**              试验形态和试验单元

| 分类 | 试验项目 | | 试验形态说明 |
| --- | --- | --- | --- |
| 试验样机整体试验 | 绝缘试验 | 雷电冲击电压试验 | （1）试验形态单元应包含所有的单元形态：直线段单元、竖井单元、90°转角单元（代替其他转角单元）、隔离单元、可拆单元及补偿单元。<br>（2）样机占用空间较大，场地有限，直流段单元和竖井单元考虑缩短。<br>（3）隔离单元设置在试验工装的高电压出口处（隔离单元的绝缘试验有两种状态：断口状态和导通状态。如果隔离单元与高压出口间有其他 GIL 元件，将导致隔离单元与高压出口间的绝缘子承受 30 次冲击耐受电压，而不是 15 次） |
| | | 操作冲击电压试验 | |
| | | 工频电压试验 | |
| | | 局部放电试验 | |

| 分类 | 试验项目 | 试验形态说明 |
|---|---|---|
| 试验样机整体试验 | 主回路电阻测量 | （1）包含直线段单元、90°转角单元、隔离单元、竖井单元（水平布置）、可拆单元及补偿单元。<br>（2）以用90°转角单元代替其他转角单元进行温升试验（90°转角单元散热能力最差、温升值最高） |
| | 温升试验 | |
| | 密封试验 | |
| | 短时耐受电流和峰值耐受电流试验 | （1）包含直线段单元、90°转角单元、隔离单元、可拆单元及补偿单元。<br>（2）主回路和接地回路设置在同一个样机上。<br>（3）通过产品自己设计的方式回流 |
| | 内部故障电弧试验 | 针对GIL的耐受压力和温升可能最差的隔室 |
| 元件试验 | 隔板的压力试验 | 试验对象：盆式绝缘子 |
| | 外壳的强度试验 | 试验对象：直线段筒体、90°转角筒体、隔离单元筒体 |
| | 滑动触头的机械试验 | 试验对象：触指、滑动支柱绝缘子 |

### 6.2.1.1 绝缘试验

绝缘试验应在制造厂规定的绝缘气体的最低功能压力下进行，试验过程中气体压力和温度应记录在试验报告中。

（1）工频电压试验。GIL仅在干燥状态下进行试验，试验电压升到工频耐压试验电压保持1min，然后降至局部放电测量电压并保持5min。

如果没有出现破坏性放电，则认为设备通过了试验。

图6-11为绝缘试验现场图。

（2）雷电冲击电压试验。GIL雷电冲击电压试验用雷电冲击波，在两种极性的电压下进行，每种极性进行15次。试验过程中，冲击发生器的接地端子应与GIL的外壳连接。

如果满足以下条件，则GIL通过了试验：

1）非自恢复绝缘没有发生破坏性放电。

2）每种极性下破坏性放电次数不超过2次，这通过最后一次破坏性放电后5次连续的冲击耐受来确认，每种极性最多可能达到25次冲击。

（3）操作冲击电压试验。GIL只在干燥状态下承受操作冲击电压试验、试验用操作冲击波，在两种极性的电压下进行，每种极性进行15次。试验过程中，冲击发生器的接地端子应与GIL的外壳连接。

试验判据同雷电冲击电压试验。

图 6-11　绝缘试验（工频耐压）

（4）局部放电试验。应在绝缘试验之后再对 GIL 进行局部放电试验，测量方法应按照 GB/T 7354《局部放电测量》的规定，工频电压试验和局部放电试验可以同时进行。

试验程序：电压从工频干耐受电压试验降至局放测量电压下进行测量，测量时间 5min，试验单元最大允许局部放电量不应超过 5pC，单个绝缘件最大允许局部放电量不应超过 2pC。

### 6.2.1.2　主回路电阻测量

在单个单元或多个单元组装为一体进行试验。测量位置从被试单元的首端到末端。应在温升试验前后分别进行本试验，试验电流不应小于 100A（1000kV 电压等级设备的应不小于 300A），温升试验前后回路电阻增加不大于 20%。

### 6.2.1.3　温升试验

GIL 及其成套设备各个部位的温升不应超过各自技术标准规定的允许值。主回路及无标准限定温升的元件在 1.1 倍额定电流下的允许温升不应超过 GB/T 11022《高压开关设备和控制设备标准的共用技术要求》的规定值。GIL 壳体允许温升不应超过 30K。

在单个单元或多个单元组装为一体进行试验。被试单元两端应装配模拟实际运行工况的工装，该工装长度需大于 1m。单元与工装内部中均充以最低运行压力的 SF₆。

试验时，在主回路的首端通以 1.1 倍额定电流，主回路末端与外壳连接，通过外壳回流。

各单元主回路导体的固定连接处、滑动连接处以及外壳连接处均需要测量其温升。对于长度较大的导体和外壳，在其中部增加测量点。外壳上的测量点应布置在运行中温度较高的部位。

工装中的单元端子及距单元端子 1m 处导杆需测量温升（1m 处导杆温升与单元端子的温升差值不超过 5K），如图 6-12 所示。

图 6-12 温升试验

### 6.2.1.4 短时耐受电流和峰值耐受电流试验

（1）GIL 和试验回路的布置。试验应在有代表性的装配上进行，该装配应包括所有的连接方式（螺栓的、焊接的、插入的或其他连接段），以验证连接在一起的 GIL 元件的完整性。如果设计包含可更换的元件和布置方式，则试验应在这些代表性的元件和布置方式处于最严酷的条件下进行。

试验的布置应该记入试验报告。

（2）试验电流和持续时间。试验电流的交流分量等于 GIL 的额定短时耐受电流（$I_k$）的交流分量，峰值电流不小于额定峰值耐受电流（$I_p$）。试验电流 $I_t$ 施加的时间 $t_t$ 应该等于额定短路持续时间 $t_k$，标准规定 550～1100kV 设备额定短路持续时间为 2s，363kV 及以下设备额定短路持续时间为 3s。耐受电流试验如图 6-13 所示。

### 6.2.1.5 密封试验

试品内部充以额定压力的 SF₆，将试品整体扣罩，静止 24h，然后测量其泄漏率。

在苏通特高压 GIL 管廊工程中，要求长度≥15m 的 GIL 隔室的 SF₆ 气体年漏气率不得大于 0.01%，其余 GIL 隔室及成套设备隔室的 SF₆ 气体年漏气率不得

图 6 - 13　耐受电流试验

大于 0.1%。气密性试验如图 6 - 14 所示。

图 6 - 14　气密性试验

### 6.2.1.6　外壳的试验

在内部组件按设计压力的试验条件安装之前，对独立的外壳进行试验。壳体水压试验最终状态如图 6 - 15 所示。

验证试验根据采用材料的不同进行爆破试验或非破坏性压力试验。

图 6 - 15　壳体水压试验最终状态

### 6.2.1.7　外壳焊接连接

对于焊接连接，应建立一套质量保证系统以确保焊接的密封性，如采用超声波探伤或 X 射线法。

### 6.2.1.8　隔板压力试验

该项试验的目的只是为了证明实际运行过程中使用的隔板的安全裕度。

绝缘隔板应按维护时的情况进行安装，压力升高的速度应不大于 400kPa/min，直至防爆膜破裂。

型式试验的压力应大于 3 倍的设计压力。

### 6.2.1.9　滑动触头的特殊机械试验

试品为特制的单元，试验单元中包含滑动触头和三支柱绝缘子。制造专用工装进行试验，试验按以下要求实施：

（1）满足最苛刻的条件，考虑不同的膨胀、导体重量、负载等因素。

（2）操作频率为 30 次/h，触头行程和触头移动速度根据试品单元协商确定。

（3）GIL 触头的最少循环数为 15000，其中起始 1000 次循环、终止前 1000 次循环须分别在最大角度（2.5°）补偿条件下进行。

在试验前后应进行下述检查和试验：

（1）目视检查；

（2）接触电阻。

如果满足下述条件，则认为通过了试验：

（1）目视检查证明原来的表面涂层仍然完好；

（2）接触电阻不超过试验前测量值的 120%。

### 6.2.1.10　内部故障引起电弧条件下的试验

（1）GIL 和试验回路的布置。选择受试产品时，应当参考 GIL 的设计文件，应该选择在出现电弧的情况下耐受压力和温升可能最差的气室进行试验。

（2）试验电流。内部故障电流与额定短时耐受电流一致，选择的短路关合瞬间应保证电弧电流的第一个半波的峰值至少为规定的短路电流交流分量有效值的 2.7 倍。

（3）试验的持续时间。试验的持续时间及性能判据按照表 6-7 选取。

表 6-7　　　　　　　　　　持续时间及性能判据

| 保护段 | 电流持续时间（s） | 性能判据 |
|---|---|---|
| 1 | 0.1 | 除了适当的压力释放装置动作外没有外部效应 |
| 2 | ≤0.3 | 外壳没有破裂（允许烧穿），不能有碎渣 |

（4）试验的测量和记录。

应描绘和记录下述参数：

1）电流及其持续时间；

2）电弧电压；

3）压力释放（或者通过压力释放装置的动作或者外壳烧穿）的瞬间。应通过摄像机等观察和记录如压力释放、外壳烧穿等现象。

## 6.2.2  出厂试验

绝缘例行试验最好在 GIL 整体上进行。根据试验的特性，一部分试验将在部件、运输单元或完整的安装上进行。例行试验用来保证产品性能能够与经过型式试验的设备性能一致。

由于有些长的部件需要拆装运输，所以厂家可能限制关键部件的例行试验（如绝缘子），这些关键部件的试验应在与使用条件相同的绝缘配置上进行。

需要进行以下试验项目：

（1）主回路绝缘试验；

（2）辅助和控制回路的绝缘试验；

（3）主回路电阻测量；

（4）气体密封性试验；

（5）设计和外观检查；

（6）外壳压力试验；

（7）直埋安装时的抗腐蚀试验；

（8）气隔压力试验。

### 6.2.2.1  主回路绝缘试验

GIL 主回路绝缘试验包含耐压试验和局部放电测量。

GIL 主回路耐压试验参照 6.1.9 或 6.1.10 在相—地和相间进行（如果采用），试验应在绝缘气体的最小功能压力下进行。

局部放电测量是为了检测可能的材料和制造缺陷，参照 6.1.11，在耐压试验时一起进行。

### 6.2.2.2  辅助和控制回路的绝缘试验

试验电压应为 2kV，持续时间为 1min，或试验电压应为 2.5kV，持续时间为 1s。

### 6.2.2.3  主回路电阻测量

全部测量均在制造厂的组装单元或运输单元上进行。所有的测量方法应和现场安装后的测量方法相比较，便于测量结果作为维护或修理期间的参考值。总的电阻值不超过 $1.2R_u$，其中 $R_u$ 为型式试验中测量到的相应电阻的总和。

### 6.2.2.4　气体密封性试验

泄漏检测可以用吸气装置。吸气装置的灵敏度应至少为 $10^{-2}(\text{Pa} \cdot \text{cm}^3)/\text{s}$。如果发现泄漏点，泄漏处应进行定量检测量化。

## 6.2.3　交接试验

交接试验是在 GIL 安装完成后投入运行前，进行整体的试验以检查安装质量和设备性能。

GIL 现场交接试验项目包括：

（1）外观检查与核实；

（2）主回路电阻测量；

（3）气体密封性试验；

（4）气体的验收试验；

（5）气体微水测量；

（6）元件试验；

（7）主回路绝缘试验；

（8）辅助回路绝缘试验；

（9）电磁场测量；

（10）直埋安装时的抗腐蚀试验。

### 6.2.3.1　外观检查与核实

（1）检查 GIL 的整体外观应完好，无锈蚀损伤，外壳无刮伤或磕碰凹陷等。

（2）检查充气管路、阀门及各连接部件的密封应良好；阀门的开闭位置应正确；管道的绝缘支架应良好。

（3）检查密度继电器及压力表的指示应正确。

（4）检查汇控柜上各种指示信号、控制开关的位置应正确。

（5）检查汇控柜门关闭情况应良好。

（6）检查所有接地连接应良好、可靠。

（7）检查连接系统应正确连接。

（8）检查监控和调节设备（包括加热器和照明）的功能应正常。

（9）核实接线、装配包括安装单元编号和位置应符合图纸和说明书要求。

（10）检查所有螺栓连接应紧固，并满足安装说明书的要求。

（11）检查伸缩装置的安装应正确，并满足安装说明书的要求。

（12）检查带调节功能的支撑系统的安装设置应正确，并满足安装说明书的要求。

### 6.2.3.2 主回路电阻测量

主回路电阻测量应在完整的 GIL 上进行。试验条件应尽可能与例行试验相似。

所采用的方法为直流压降法，测试电流不小于 100A（1000kV 电压等级设备的应不小于 300A）。有引线套管的可利用引线套管注入测量电流进行测量。

利用 GIL 出线套管进行测量，测最方法如下：

GIL 设备 A、B、C 三相主回路电阻 $R_A$、$R_B$、$R_C$ 测量示意图如图 6-16 所示，图中虚线为出线套管短接导线，测量时接线的接头应接触牢固。

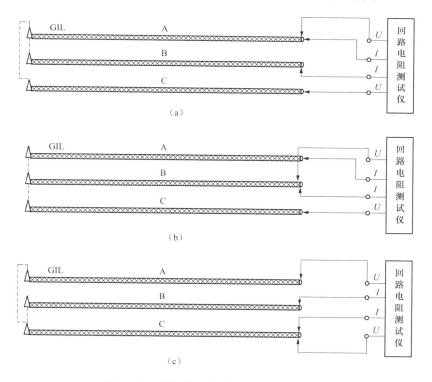

图 6-16　GIL 设备主回路电阻测量示意图

（a）A 相测量接线图；（b）B 相测量接线图；（c）C 相测量接线图

若接地开关导电杆与外壳绝缘，可临时解开接地连接线，利用回路上的接地开关导电杆关合到测量回路上进行测量。

制造厂应提供每个单元主回路电阻的出厂实测值及控制值 $R_n$（$R_n$是产品技术条件规定值），并应提供测试区间的测试点示意图。现场测试值应符合产品技术条件的规定，并不得超过工厂提供的控制值 $R_n$，还应注意三相测量结果的平衡度。

### 6.2.3.3 气体密封性试验

GIL 的密封性试验必须在充气 24h 后进行，应对每个独立的气室进行。

（1）定性检漏。通常采用检漏仪检漏，用灵敏度不低于 $10^{-8}$（体积比）的气体检漏仪沿外壳焊缝、结合面、法兰密封、滑动密封、表计接口等部位，用不大于 2.5mm/s 的速度在上述部位缓慢移动，检漏仪无反应，则认为设备密封性能良好。

（2）定量检漏。应对每个气隔进行，在充到额定气压 24h 后进行。

通常采用局部包扎法，将试品的密封面（结合面、法兰密封、滑动密封、表计接口等部位）用塑料薄膜包扎，经过 24h 后，用灵敏度不低于 $10^{-8}$（体积比）的气体检漏仪测定包扎腔内 $SF_6$ 气体的浓度，并通过计算确定年漏气率。

### 6.2.3.4 气体的验收试验

本书只介绍充入单一 $SF_6$ 气体的 GIL 中的气体验收要求。

新气到货后应首先检查是否有制造厂的质量证明书，内容包括生产厂名称、气瓶编号、净重、生产日期和检验报告单。

### 6.2.3.5 气体微水测量

充入 GIL 内气体，充气前应进行气体微水测量，微水超标者不得使用。

按 GB/T 5832.1《气体分析 微量水分的测定 第 1 部分：电解法》、GB/T 5832.2《气体分析 微量水分的测定 第 2 部分：露点法》、DL/T 506《六氟化硫电气设备中绝缘气体湿度测量方法》技术要求进行测量。测量 $SF_6$ 气体微水的方法通常有露点法、电解法、阻容法等，所使用仪器应每年定期送检。

$SF_6$ 气体微水测量应在充入 GIL 内的气体至少静止 24h 后进行。测量时，$SF_6$ 气体应为额定密度，环境相对湿度一般不大于 85%。交接测量值（修正到 20℃的值）应不大于 $500\mu L/L$。

### 6.2.3.6 元件试验

如装有隔离开关、接地开关，其性能应符合产品技术条件要求。

气体密度继电器应校验其接点动作值与返回值，并符合其产品技术条件的规定。压力表示值的误差与回差，均应在表计相应等级的允许误差范围内。校验方法可用标准表在设备上进行核对，也可在标准校验台上进行校验。

### 6.2.3.7  主回路绝缘试验

（1）一般规定。为了检查现场安装后 GIL 装置的绝缘整体性和在运输、装卸、安装过程中可能造成的缺陷，应进行主回路的绝缘试验。现场试验的详细程序应由制造厂和用户商定。

（2）对被试品要求。每一新安装 GIL 均应进行耐压试验。被试品应完全安装好，并充以合格的 $SF_6$ 气体，气体密度应保持在额定值。

除耐压试验外，被试品应已完成各项现场交接试验项目。

GIL 耐压时，以下设备应采取隔离措施，避免对如下设备施加试验电压：

1）高压电缆和架空线。

2）电力变压器和并联电抗器。

3）电磁式电压互感器（如采用变频电源，电磁式电压互感器经频率计算，不会引起磁饱和，也可和主回路一起耐压，但必须经制造厂确认）。

4）避雷器。

GIL 扩建部分耐压时，原有相邻设备应断电并接地，否则，应考虑突然击穿对原有部分造成的损坏采取措施。

考虑 GIL 的长度因素，可分段进行现场绝缘试验。耐压试验通过后，然后进行相互间导体连接，该连接部分应通过系统施加运行电压进行检验，时间不少于 1h。

如有下列情况亦可考虑 GIS、GIL 同时进行耐压试验：

1）试验设备容量足够；

2）由于条件限制，必须通过 GIS 才可进行加压的；

3）如果 GIL 和 GIS 为不同制造厂供货，经双方协商达成一致的加压程序。

（3）试验电压波形。电压波形的选择按 GB/T 16927.1《高电压试验技术第 1 部分：一般定义及试验要求》的规定进行。

1）交流耐压。试验电压波形应为近似正弦波，且正半波峰值与负半波峰值差应小于 2%。若正半波的峰值与有效值之比在 $\sqrt{2} \pm 5\%$ 以内，则认为高压试验结果不受波形畸变的影响。

试验电压的频率一般在 $30 \sim 300 Hz$ 的范围内。

2）冲击耐压。必要时，在现场进行雷电冲击和操作冲击耐压试验，试验波形要求详见标准。操作冲击波（包括振荡操作冲击）的波头时间一般应为15～1000μs。

（4）试验电压值。

1）交流试验电压值。现场交流耐压试验应为出厂试验时施加电压的80%，如果用户有特殊要求，可与制造厂协商后确定。

2）冲击试验电压值。雷电冲击试验和操作冲击试验为型式试验电压的80%。如果用户有特殊要求，可与制造厂协商后确定。

（5）耐压试验。

1）试验程序。

a. 程序1：交流耐压试验，持续时间为1min。应采用老练试验的加压程序，逐级加压至试验电压。

b. 程序2：在完成交流耐压试验后，如果用户有特殊要求，需补充雷电冲击耐压试验或操作冲击耐压试验，可与制造厂协商进行，在规定电压下进行正、负极性各三次。

2）试验电压的施加。

a. 相对地耐压试验。规定的试验电压应施加到每相主回路和外壳之间，每次一相，其他相的主回路应和接地外壳相连，试验电源可接到被试相导体任一方便的部位。

由于以下原因之一，试验时，可考虑将GIL分为几段：

（a）限制电压源的电容负载；

（b）方便查找破坏性放电点；

（c）限制破坏性放电的能量（若有）。

不测试的及与测试段隔离的GIL段均应接地。

设备安装后不必单独进行相间绝缘试验。

b. 老练试验加压程序。老练试验是指对设备逐步施加交流电压，可以阶梯式地或连续地加压，其目的是：

（a）将设备中可能存在的活动微粒杂质迁移到低电场区域里去，在此区域，这些微粒对设备的危险性减低，甚至没有危害。

（b）通过放电烧掉细小的微粒或电极上的毛刺，附着的尘埃等。

老练试验的基本原则是既要达到设备净化的目的，又要尽量减少净化过程中微粒触发的击穿。还要减少对被试设备的损害，即减少设备承受较高电压作用的时间，所以逐级升压时，在低电压下可保持较长时间，在高电压下不允许长时间耐压。

老练试验应在现场耐压试验前进行。若最后施加的电压达到规定的现场耐压值耐压 1min，则老练试验可代替耐压试验。

老练试验过程中发生击穿放电时，也按耐压击穿原则处理。

老练试验过程中可进行局部放电监测。

（6）试验判据。如 GIL 按选定的试验程序耐受规定的试验电压而无击穿放电，则认为整个 GIL 通过试验。在试验过程中如果发生击穿放电，可采用下述步骤：

1）进行重复试验。如果该设备或气隔还能经受规定的试验电压，则该放电为自恢复放电，认为耐压试验通过；如果重复试验失败，则耐压试验不通过，应进一步检查。

2）根据放电能量和放电引起的声、光、电、化学等各种效应及耐压过程中进行的其他故障诊断技术所提供的资料，综合判断放电气室。

3）打开放电气室进行检查，确定故障部位，修复后，再进行规定的耐压试验。

（7）局部放电试验。局部放电测量有助于检查 GIL 设备内部多种缺陷，但受环境干扰影响较大，试验结果的判断需要一定经验。凡有条件和可能的地方，应进行现场局部放电试验。

局部放电试验应在耐压试验后，在同一试品上进行。可以结合交流耐压试验进行，也可以在设备投产后一个月内带电运行时进行测量。

### 6.2.3.8 辅助回路的绝缘试验

辅助回路和控制回路应耐受工频耐压值 2000V 持续时间 1min。

### 6.2.3.9 电磁场测量

可在投产运行后带电进行测试。GIL 外壳外部的电场应接近零。在额定工频电流下，距离 5cm 远的地方磁场应低于 $10\mu T$。

## 6.3 新型试验技术

### 6.3.1 六氟化硫气体现场快速分析

六氟化硫气体现场快速分析装置是集测量六氟化硫中空气、四氟化碳、六氟乙烷、八氟丙烷、微水、矿物油、酸度、可水解氟化物和分解产物为一体的自动化综合分析装置，其中空气、四氟化碳、六氟乙烷、八氟丙烷采用气相色谱法，精确计算气体纯度。

### 6.3.1.1　装备原理及结构

基于 PTFE 滤膜分离技术的 $SF_6$ 中矿物油含量自动化检测方法如图 6-17 所示，分子较小的气体均通过半透膜，而较大的矿物油被完全拦截，实现了矿物油与其他物质的自动化完全分离。与红外分光检测相结合，将矿物油的定量直接溯源至质量，建立更准确的标准曲线，实现了矿物油含量的仪器化检测。

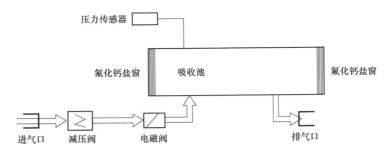

图 6-17　矿物油检测技术原理图

采用了基于对数曲线 pH 值—浓度平移分析技术 $SF_6$ 酸度、可水解氟化物自动化检测方法，通过酸碱溶液平移分析技术，使得酸性物质在 pH 值大于 12 时吸收，在浓度变化引起 pH 值变化大的 7~9 区域内检测，打破吸收与分析条件之间的桎梏，$SF_6$ 气体中的微量酸性物质被自动化敏锐捕捉，图 6-18 为酸度、可水解氟化物含量检测的系统图。

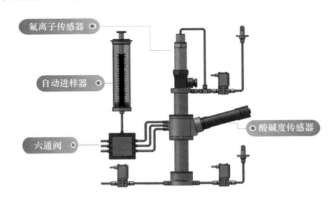

图 6-18　酸度、可水解氟化物含量检测的系统图

六氟化硫气体现场快速分析装置：将纯度检测柱子由单填充物改为复合填充物，单检测器增加为双检测器，实现了 $C_2F_6$、$C_3F_8$ 便捷检测，将水分和分解产

物含量检测功能的单元小型化，使原来需要三台设备实现的功能高度集成，体积缩小为原来的 $\frac{1}{4}$ 。基于自主研发的酸度、矿物油、可水解氟化物分析方法，以及改进的纯度、水分、分解产物检测方法，创新设计气路并行模式，成功研制了 $SF_6$ 现场快速分析装置。

### 6.3.1.2 试验方法及结果诊断

$NaOH$ 溶液和 $H_2SO_4$ 溶液的配置：用天平准确称量 1.6g $NaOH$（纯度规格：分析纯）晶体，然后将 $NaOH$ 晶体溶解到 2L 蒸馏水中，最后将配置好的 $NaOH$ 溶液转移到对应的试剂桶中。用天平称量 0.69g 98% 的浓硫酸，然后用蒸馏水（或经过处理的无杂质 PH 为中性水）稀释定容到 2L，最后将配置好的 $H_2SO_4$ 溶液转移到对应的试剂桶中。

管路连接：将设备上面溶液接头上面的保护帽取下，然后将溶液管路依次接到设备对应的接口上，分别将载气（氦气）、氢气、标气、被测六氟化硫气体依次接到设备对应的快插接头上，嘴周将排液管、排气管接到设备对应接头上。

仪器自动开展六氟化硫气体各项指标的检测，整个全分析只需 40min 即可完成。

## 6.3.2 氦气检漏

试品内部充以额定压力的氦气，将试品放入试验箱中，对试验箱抽真空，然后测量泄漏到试验箱中的氦气泄漏率。

### 6.3.2.1 试验方法

先进行定性检漏，合格后可进行定量检漏，具体试验方法如下。

a）定性检漏。定性检漏仅作为判断被测试品漏气与否的一种方法，是定量检漏前的预检。

金属罩内抽真空达到设定值<0.1mbar，被测试品充空气到设计压力，保持压力 60s，根据保压前后金属罩内压差判定是否"大量泄漏"，压差判定值为 50mbar，若压差较大，则停止试验进行检查。

b）定量检漏。定性检漏通过后，金属罩内继续抽真空达到设定值<0.1mbar，被测试品抽真空至设定值<10mbar 后，充氦气至设计压力，保持压力一定时间（保压时间应至少使氦气泄漏浓度超过氦质谱检漏仪的检测灵敏度），采用氦质谱仪检测金属罩内氦气的泄漏率，据此推算试品采用 $SF_6$ 的年泄漏率。

氦检漏示意如图 6-19 所示。

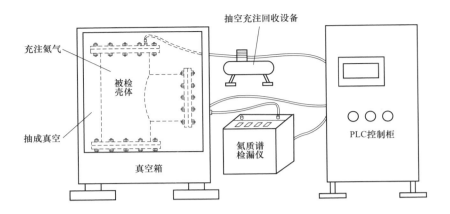

图 6-19　扣罩氦检漏示意图

### 6.3.2.2　试验流程

（1）设定试验压力为额定压力。

（2）将被检单元两端使用工装盖板密封，其中一个盖板留有充气接口。

（3）使用高压气枪对被检单元喷氮气进行除氦处理。

（4）将被检单元放入对应的真空箱内，与箱内预置的真空充氦接口连接好。

（5）关闭箱门，按下设备检漏启动按钮，进行真空箱粗抽真空和预检。

（6）被检单元预检合格，系统会继续按照设定程序，自动完成真空箱精抽真空、被检单元抽真空、氦气充压及氦检漏等工作，并显示最终检漏结果。

（7）系统显示被检单元检漏结果后，自动进行氦气回收。

（8）氦气回收完成，确认检漏结果后，检漏完成。

图 6-20 为 20m 长 GIL 氦检漏试验系统，图 6-21 为 GIL 其他单元小罐体试验系统。

### 6.3.2.3　结果分析

氦气（以下以 He 表示）检漏设备检测的是 He 的泄漏率，而 GIL 产品运行时充入的是 $SF_6$，在室温 20℃，He 和 $SF_6$ 气体做分子黏滞层流运动，试品壁厚大于 10 倍泄漏孔径的状态下，两种气体之间的换算关系为

$$\frac{F_{SF_6}}{F_{He}} = \frac{\eta_{He}}{\eta_{SF_6}} = 1.3 \tag{6-10}$$

式中　$F_{He}$——He 泄漏率，mbar L/s；

　　　　$F_{SF_6}$——$SF_6$ 泄漏率，mbar L/s；

图 6 - 20　20m 长 GIL 氦检漏试验系统

图 6 - 21　GIL 其他单元小罐体试验系统

$\eta_{He}$——He 黏滞系数；

$\eta_{SF_6}$——SF$_6$ 黏滞系数。

参照式（6 - 10）得出实际运行时 SF$_6$ 的年漏气率为

$$F_{y-SF_6} = \frac{F_{SF_6} t_y}{1000 P_d V_t} = \frac{F_{He} \times 4.1 \times 10^4}{P_d V_t} \times 100\% \qquad (6-11)$$

式中　$F_{y-SF_6}$——SF$_6$ 的年漏气率；

$F_{He}$——He 泄漏率，mbar L/s；

$P_d$——被测试品的设计压力，bar；

$V_t$——被测气室容积，L；

$t_y$——一年的时间，$31.5 \times 10^6$ s。

若已知 $SF_6$ 年漏气率的规定，根据式（6-11）导出氦气漏气率的允许值，即

$$F_{He} = \frac{F_{y-SF_6} \cdot P_d \cdot V_t}{4.1 \times 10^4} \qquad (6-12)$$

同时，考虑环境温度对压力和气体泄漏的影响，设置了环境变化校正系数 2（经验值），根据式（6-12）导出环境温度变化范围在 0～40℃时氦气漏气率的允许值，即

$$F_{He} = \frac{F_{y-SF_6} P_d V_t}{8.2 \times 10^4} \qquad (6-13)$$

根据气体状态方程可以推断气体状态变化时各参数之间的关系，得出气体在等温压缩（或等温膨胀）时，压力与密度成正比。

### 6.3.3　触头特殊机械试验

该机械寿命试验是用来评估滑动触头在预期的设备寿命期内完成其功能的能力，设计包含滑动触头、三支柱绝缘子的试验单元，且可模拟角度偏差，制定 15000 次寿命试验方法及验证方法。

#### 6.3.3.1　试验条件

（1）试验环境：试验装置置于密闭气室中。

（2）触头中导体的初始位置、运动行程和偏转角：导体与触头之间的设计最短接触位置为其初始位置；导体轴线与触头轴线之间的偏转角为 2.5°（向上或向下偏转），该角度由试验装置的安装角度间接保证。

（3）触头行程：运动行程根据补偿距离确定，目前的补偿距离为 ±40mm，则运动行程为 80mm。

（4）操作频率：不小于 30 次/h。

（5）循环次数：15000 次。

#### 6.3.3.2　试验装置

试品为特制的单元，试验单元中应包含滑动三支柱绝缘子。制造专用工装进行试验，试验按以下要求实施。

（1）试验单元基本方案。按 GIL 实际产品结构设计、试制一节试验单元，

试验单元由一节罐体、一段导体、一只滑动式三支柱绝缘子、一只波纹管、一只触头等主要元件组成。

（2）模拟试验装置基本方案。按图 6-22 设计模拟试验装置，将电机减速至试验频率要求，转动转化为前后往复直线运动，带动试验单元导体做同步前后移动，从而实现模拟并考核触头与导体、三柱绝缘子与罐体摩擦状态的目的。

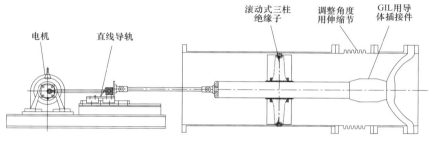

图 6-22 试验装置

试验操作过程简述：

1）试验前检查试品各组成部件状态完好，按要求测量触头接触电阻、确认导体与触头插入初始位置并做记录；

2）按试验方案连接试验单元与模拟试验装置；

3）调整伸缩节，使触头与导体偏转 2.5°；

4）启动电机，使模拟试验装置运动，并带动导体做往复运动；

5）查看计数器至 1000 次时关闭电机，模拟试验装置暂停运动；

6）调整波纹管，使触头与导体恢复水平状态；

7）再次启动电机，使模拟试验装置运动，并带动导体做往复运动；

8）查看计数器至 14000 次时关闭电机，模拟试验装置暂停运动；

9）再次调整波纹管，使触头与导体偏转 2.5°；

10）第三次启动电机，使模拟试验装置运动，并带动导体做往复运动；

11）查看计数器至 15000 次时关闭电机，模拟试验装置停止运动；

12）按要求测量触头接触电阻、查看各部件磨损状态等。

### 6.3.3.3 试验方法

（1）接触电阻测量方法。采用直流压降法。一般情况下，由于导体和触头连接部位接触电阻很小，为保证足够的测量精度，测量电流应大于或等于直流 300A。接触电阻测试仪的测量精度在 $0.1\mu\Omega$ 以上，接触电阻导体测量长度建议为 $500\sim1000\text{mm}$，电阻基数应在 $5\sim10\mu\Omega$。

接触电阻的测量考虑导体插接的角度补偿，并且在最小接触行程、最大接触行程下测量，接触电阻在不同温度下的测量值应统一换算到 20℃下以消除误差。

（2）试验前的检查与记录。

1）目视检查触头、导体和滑动式三支柱绝缘子的外观合格；

2）触头、导体接触部位尺寸检查、记录；

3）触头接触电阻测量、记录。

（3）试验过程。

1）总循环次数为 15000 次；

2）触头轴线与导体轴线之间为 2.5°时，操作 1000 次，每隔 500 次进行接触电阻测量及记录；

3）触头轴线与导体轴线之间为 0°时，操作 13000 次，每隔 1000 次进行接触电阻测量及记录；

4）触头轴线与导体轴线之间为 2.5°时，操作 1000 次，每隔 500 次进行接触电阻测量及记录。

（4）试验后的检查。

1）目视检查触头、导体和滑动式三支柱绝缘子的外观合格；

2）触头、导体接触部位尺寸检查、记录；

3）触头接触电阻测量、记录。

### 6.3.3.4 结果分析

如果满足下列条件，则认为通过了试验：

（1）目视检查触头在接触区保留有连续的镀银层，没有磨损产生的触头裸露；

（2）滑动式支柱绝缘子外观完好，没有损坏、裂纹等现象；

（3）滑动式支柱绝缘子与外壳内壁通过触点良好接触，用万用表测量应处于接通状态；

（4）接触电阻不超过试验前测量值的 120%。

## 6.3.4 现场雷电冲击耐受试验

现场雷电冲击耐受试验是为检查 GIL 现场安装后的绝缘性能，最大限度排除内部缺陷和隐患（包括运输、储存和安装过程中的损坏、存在外物等），与现场交流耐压试验形成互补，验证绝缘性能是否良好，以保证其安全可靠运行。

### 6.3.4.1 试验条件

(1) 环境温度不低于 5℃、相对湿度不大于 80%，风力不大于 5 级；

(2) 提供额定容量 200kVA 的三相 380V 电源和 220V 仪器用试验电源；

(3) 本次试验前，确认 GIL 设备的常规交接试验项目、检漏、微水测试和工频交流耐压试验已完成且试验数据合格，各操动机构应灵活可靠；

(4) 冲击电压试验前 GIL 注入合格的额定压力的 $SF_6$ 气体，静置时间应符合制造厂规定时间，$SF_6$ 气体微水、检漏完成并合格；

(5) 试验需拆除 GIL 设备各进出线引流，并与 GIL 设备保持足够的安全距离，试验完毕后应恢复各进出线引流；

(6) 被试 GIL 设备一次回路绝缘电阻应合格；

(7) 试验用计量仪器及安全工器具均已检定校验且在有效期限范围内。

### 6.3.4.2 试验装置和接线

为了减小试验设备的体积和缩短试验周期，现场试验可采用 $SF_6$ 气体绝缘型雷电冲击电压发生器，其将 Marx 回路封装在充有 $SF_6$ 气体的封闭型筒式结构中，脉冲电容器和气体火花开关直线、紧凑地排列于环氧绝缘筒中，大大缩小了 Marx 发生器回路尺寸，结构紧凑，本体电感很低，适合在现场开展非振荡型雷电冲击电压试验。由于本体电感极低，发生器本体波头电阻和波尾电阻可外置，方便现场调波。根据负载容量情况，非振荡型雷电冲击电压波头时间在 80ns～4μs 可调，波尾时间 10～1000μs 可调，标称电压 3000kV，标称能量 300kJ。

为了方便运输和现场安装，可将整个装置分成若干节封闭的筒式绝缘结构。装置安装在履带移动车上，现场对不同间隔进行试验时，可采用履带移动车移动雷电冲击电压试验装置，不需拆装，可大大缩短移动时间和整个试验时间。

图 6-23 为 $SF_6$ 气体绝缘型雷电冲击电压发生器现场试验连接示意图。

### 6.3.4.3 试验程序

现场雷电冲击电压耐受试验应在工频电压耐受试验前进行。推荐的试验程序是在规定的电压值下，对被试 GIL 逐相施加正、负极性各三次的雷电冲击试验电压。

(1) 放电定位。试验前，布置放电定位装置，应能定位到每个独立气隔。现场雷电冲击电压耐受试验的放电定位技术宜采用超声原理。

1) 基于超声信号强度的放电定位方法。这种方法是通过对比相邻传感器收到信号的强度，确定放电位置。利用这种方法进行放电定位，传感器的布置应保

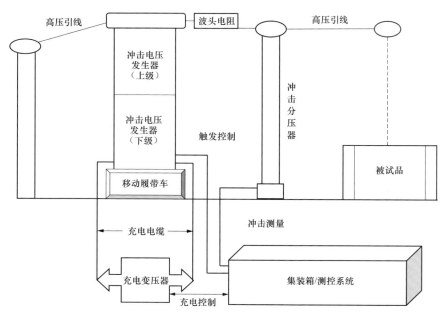

图 6-23  SF$_6$气体绝缘型雷电冲击电压发生器现场试验连接示意图

证每个独立气隔不少于一个。

2）基于超声信号时间差的放电定位方法。这种方法是利用超声波到达不同的传感器之间的时间差来确定放电点。

通过超声信号时间差确定的放电点可能在两个传感器之间，也可能在两个传感器之外，至少需要第三个传感器进行辅助定位。

3）基于电—声时差的放电定位方法。GIL 发生放电时同时产生电磁波和超声波，电磁波在 GIL 中的传播速度接近光速并远大于超声波，电磁波由放电点到传感器的传播时间可以忽略，根据超声在 GIL 中传播速度的经验值，通过计算超声波信号和电磁波信号的时间差，可以计算出放电点距离传感器的距离。

（2）加压程序：

1）在进行耐压试验前，用绝缘电阻表测量主回路绝缘电阻。

2）进行正极性雷电冲击耐受电压试验。

a. 在 50％的试验电压下进行试验回路的电压波形调整；

b. 在 80％的试验电压下加压一次进行试验设备的效率核准；

c. 若试验设备的波形和效率都满足试验要求，对试品连续施加三次 100％的雷电冲击试验电压。

3）进行负极性雷电冲击耐受电压试验。

a. 在 $50\%$ 的试验电压下进行试验回路的电压波形调整；

b. 在 $80\%$ 的试验电压下加压一次进行试验设备的效率核准；

c. 若试验设备的波形和效率都满足试验要求，对试品连续施加三次 $100\%$ 的雷电冲击试验电压。

### 6.3.4.4　结果分析

（1）雷电波前时间不大于 $3\mu s$，峰值容许偏差不大于 $\pm3\%$；

（2）正、负极性的冲击电压试验应分别考核，连续 3 次施加规定的试验电压而无放电，则认为试验通过；

（3）试验中，若发生 1 次击穿放电，应立即进行解体检查，查找击穿放电点，设备修复后，重新进行试验。

# 7　GIL 输电技术展望

经过几十年的技术攻关，GIL 输电技术已在国内外多个工程上应用，同时仍有许多新技术不断涌现。

一方面，随着环保压力的不断增大，$SF_6$ 替代气体越来越受到人们的关注；另一方面，随着 GIL 电压等级的不断提高尤其是特高压 GIL 工程的兴建，对 GIL 运行可靠性的要求越来越高，如何减少 GIL 内部微粒引起的放电故障、抑制 GIL 与架空混合输电线路的过电压以及迅速准确的实现故障定位都是当前亟需解决的技术难题。

## 7.1　$SF_6/N_2$ 混合气体绝缘可靠性技术

### 7.1.1　$SF_6/N_2$ 混合气体的优点

最初用于高压气体绝缘的是高压导体周围的空气，随着金属封闭式高压系统的应用，工业空气（含 $O_2$ 和 $N_2$ 的混合气体）被大规模使用以改善绝缘气体性能，后又加入氦气（He）和氩气（Ar）等惰性气体以进一步改善性能。由于惰性气体过于昂贵且难于处理，1920 年人们发明了人工气体六氟化硫（$SF_6$），作为化学反应的抑制剂以排除氧气。20 世纪 60 年代，$SF_6$ 因为具有优异的绝缘和灭弧性能被作为绝缘介质用于电力系统中。

20 世纪 70 年代以来，人们发现有些混合气体的绝缘能力比 $SF_6$ 还高，但是这些气体本身及其在局部放电或电弧作用下产生的分解物毒性更大、更危险，所以并未在高压设备中广泛应用。

目前尚未有较好的以开断为目的的 $SF_6$ 替代物，但是有以绝缘为目的的纯 $SF_6$ 替代物：即在 $N_2$ 中加入少量 $SF_6$ 的混合气体。GIL 需要大量气体用于绝缘，因此推荐采用该种混合气体。根据 $N_2/SF_6$ 混合气体特性可知，同样气压下，$SF_6$ 含量小于 20% 时，绝缘能力可达到纯 $SF_6$ 气体的 70%～80%。因此为了确定 $SF_6$

比例，需对 SF$_6$ 含量、气压及壳体外径间的比例进行优化。

早期的 GIL 均采用 SF$_6$ 作为绝缘介质，称之为第一代 GIL。由于 SF$_6$ 是一种强温室气体，对环境影响比较大，价格昂贵，并且在低温下易液化，常规的高压电气设备（充气压力为 0.35~0.65MPa，20℃表压）难以应用在 −30℃ 及以下低温下。而 N$_2$ 的沸点较低（0.1MPa 时的沸点是 −210℃），对环境无影响，采用 N$_2$/SF$_6$ 混合气体作为绝缘介质时费用低且有利于减小 SF$_6$ 气体的温室效应。因此，采用低含量 SF$_6$ 的混合气体作为绝缘介质已成为 GIL 的发展方向，称之为第二代 GIL。

相对于纯 SF$_6$ 气体，SF$_6$/N$_2$ 混合气体具有如下优点：

（1）液化温度低。SF$_6$ 气体在 0.7MP 压力下，当环境温度下降到 −20℃ 时就会液化。N$_2$ 气体在同样压力下，当环境温度下降到 −150℃ 时才会液化，而 80% N$_2$ 和 20%SF$_6$ 混合气体在同样压力下，当环境温度下降到 −130℃ 时才会液化。

（2）气体成本低且环保。SF$_6$ 的价格较 N$_2$ 昂贵，GIL 绝缘气体需用量大，采用 SF$_6$/N$_2$ 混合气体可减少 SF$_6$ 气体用量，从而降低设备投资，同时可减少 SF$_6$ 气体的排放量，减小温室效应对环境的影响。

## 7.1.2 SF$_6$/N$_2$ 混合气体的绝缘特性

GIL 仅作为电力输送通道，无需开合操作（或仅需开合很小的容性电流），因此，只需考虑 SF$_6$ 的绝缘能力而非开断能力。同时考虑到成本问题，人们开始用 80% 的 N$_2$ 和 20% 的 SF$_6$ 的混合气体作为 GIL 中的绝缘介质。

为了兼顾绝缘性能和成本两方面，需要一个标幺评估工具来确定 N$_2$/SF$_6$ 混合气体合适的压力、混合比和体积。

N$_2$/SF$_6$ 混合气体有独特的协同物理性能，故低 SF$_6$ 浓度下即可具有高电气绝缘强度。N$_2$/SF$_6$ 气体的标幺特性如图 7−1 所示。

图 7−1 给出了三条基于 100% SF$_6$ 的 N$_2$/SF$_6$ 混合气体电气强度曲线，可以看出：

（1）标幺固有电气强度 $E_{cr}^0$。纯 SF$_6$ 的 $E_{cr}^0$ 值是 1，纯 N$_2$ 的 $E_{cr}^0$ 值为 0.4，含 20%SF$_6$ 的混合气体将该

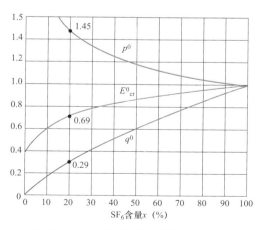

图 7−1 N$_2$/SF$_6$ 混合气体的标幺特性

值改善到 0.69。

（2）相同绝缘强度要求的标幺压力 $p^0$。含 20% $SF_6$ 的混合气体的 $p^0$ 值为 1.45，意味着压力比纯 $SF_6$ 高 45%。曲线在低 $SF_6$ 含量时变化率较大，纯 $N_2$ 的 $p^0$ 值可达到 3。

（3）$SF_6$ 用量标幺量 $q^0$。曲线 $q^0$ 表明混合气体中 $SF_6$ 量近似呈线性增加，$SF_6$ 含量 20% 的值为 0.29，意味着与纯 $SF_6$ 相比，这种混合气体只需要 29% 的 $SF_6$。为达到与纯 $SF_6$ 相同的绝缘强度只需要适当增加压力 40%，且混合气体中 $SF_6$ 用量可减少 70%。

上述曲线表明，当混合气体 $SF_6$ 含量低于 20% 时，混合气体的绝缘能力曲线的变化率较大，即曲线的一阶导数较大，这意味着少量的 $SF_6$ 含量变化（如从 5%～6%）会导致混合气体绝缘能力发生较大改变。

当 $SF_6$ 含量达到 20% 时，曲线变平坦，即曲线的一阶倒数变小，此时少量的 $SF_6$ 含量变化不会导致混合气体绝对绝缘能力发生较大变化，即增加混合气体中 $SF_6$ 含量对绝缘能力的改善效果变差，这就是实际应用中 $SF_6$ 含量确定在 20% 左右的原因。

部分国内外科研院所分别使用模拟试验段和实际尺寸试验段对 $N_2/SF_6$ 混合气体的性能进行了长期测试。测试结果表明，$N_2/SF_6$ 混合气体的主要性能和纯 $SF_6$ 的电气性能基本一致，包括电晕稳定效应。同时，即使 $SF_6$ 含量很低也会极大改善混合气体的绝对绝缘能力，相同气压下，含 20% $SF_6$ 的 $N_2/SF_6$ 混合气体即可达到纯 $SF_6$ 气体 70% 以上的绝缘能力。

### 7.1.3　混合绝缘气体的发展趋势

目前的研究结果表明，$SF_6/N_2$ 混合气体应用前景良好，而且已在断路器等电力设备中加以应用，但 $SF_6$ 含量通常较高（大于 30%）。鉴于环保的要求，目前 $SF_6$ 混合气体的研究焦点已开始转为降低 $SF_6$ 排放量，而有关低 $SF_6$ 含量（小于 30%）的混合物绝缘特性的研究还较少。从长远的角度来看，不论是用混合气体替代纯 $SF_6$ 气体，还是采用保守的方法（如泄漏的检测、封堵和回收），只要还在使用 $SF_6$ 气体，就无法从根本上解决 $SF_6$ 气体对环境的危害问题，由于 $SF_6$ 的高温室效应和国际社会对全球环境问题的日益关注，$SF_6$ 很可能将遭到禁用。因此，寻找新的可替代 $SF_6$ 的单一气体或混合气体势在必行。

当前，环保型 $SF_6$ 替代气体主要集中在氟化气体中，氟元素为电负性元素，具有吸附电子的倾向，因此大部分含氟气体也具有电负性，并且不会像其他卤族元素如氯、溴等对臭氧层造成显著破坏。且有机气体具有结构多变，种类繁多的特点，因此含氟有机气体已成为 $SF_6$ 替代气体的研究重点，美国国家标准与技术研究所也将多种含氟有机气体列为 $SF_6$ 的潜在替代气体。

国内外很多学者已经对部分氟化有机气体进行了试验或仿真研究，日本九州大学的学者等人对 $CF_4$、$C_3F_8$、$c$-$C_4F_8$ 及其混合气体进行了较为全面的研究和比较；日本京都大学的学者对 $c$-$C_4F_8$ 进行了试验研究；东京电机大学的学者对 $CF_3I$ 灭弧特性和稍不均匀电场下的耐压特性进行了试验研究；重庆大学的张晓星对 $CF_3I$ 与 $N_2$、$CO_2$ 混合气体的局部放电特性进行了试验。含氟有机气体在某些特性上优于 $SF_6$，很多含氟有机气体的绝缘性能均高于 $SF_6$，且对环境相对友好，负面影响很小。但新型的气体也会随之带来不同的问题，如含氟气体相对于同结构的烃类气体沸点较高，无法直接使用在高纬度或低温地区；有些气体并未形成规模化生产，目前成本较高等。但目前的研究基础已经为气体替代方案提供了很有潜力的研究方向，但相关技术还未成熟，仍需要开展大量研究工作。

环境友好型开关设备真正期望的是对环境影响很小或者对环境没有影响的绝缘气体，随着研究工作的深入，多种新型环保绝缘气体如多卤代烃类，氟代酮类，氟代腈等也引起了研究人员的广泛关注（见图 7-2）。

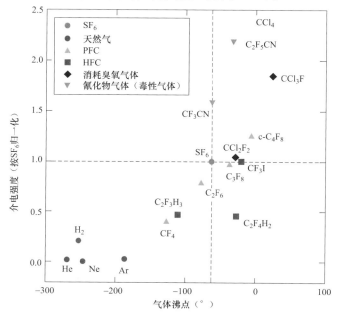

图 7-2 潜在 $SF_6$ 替代气体沸点与介电强度强度关系图

这些新型气体对环境极其友好，其温室气体效应与 $CO_2$ 相当，远低于 $SF_6$。同时，化学性质稳定，无毒无腐蚀性，对臭氧层没有破坏，因其良好的环境相容性被广泛认为是极具潜力的 $SF_6$ 替代介质。

2006 年，日本东京大学采用 200kV 阶跃脉冲对 $CF_3I/N_2$ 和 $CF_3I/Ar$ 混合气体的闪络电压和伏秒（$U-t$）特性进行了研究。所得到的实验结果表明，$CF_3I$ 的绝缘性能是纯 $SF_6$ 的 1.2 倍，当与 $N_2$ 混合比例达到 60% 时，混合气体的绝缘强度基本和 $SF_6$ 相当。

2008 年，东京电机大学研究了应用 $CF_3I$ 作为高压设备绝缘介质取代 $SF_6$ 的可行性，他们采用标准雷电冲击实验分析测量了 $CF_3I$、$CF_3I/N_2$ 和 $CF_3I/CO_2$ 混合气体的击穿电压特性以及电流关断能力。实验结果表明，纯 $CF_3I$ 的击穿电压为 $SF_6$ 的 1.2 倍以上，其中 60%～100% 比例的 $CF_3I/CO_2$ 混合气体，其绝缘强度超过纯 $SF_6$，且电流关断能力达到 $SF_6$ 的 0.7 倍左右。研究人员指出 30%～70% 比例的 $CF_3I$ 混合气体能用于 GIS 中取代 $SF_6$。

2011 年，该课题组利用电弧时间常数 $\theta$，功率损耗因数 $N$ 以及弧柱散热效率，比较分析了不同气体（空气、$CO_2$ 与 He 和 $CF_3I$ 及其混合气体）的开断性能。结果表明，相同条件下，$CF_3I$ 的开断能力约为 $SF_6$ 的 0.9 倍，但纯 $CF_3I$ 液化温度较高。为了弥补 $CF_3I$ 在实际应用中的不足，可采用 $CF_3I/CO_2$ 混合气体，而且发现只要 $CF_3I$ 的体积分数超过 20%，其开断性能即与纯 $CF_3I$ 相当。

上海交通大学肖登明课题组从 2006 年起已全面开展 $SF_6$ 替代气体的研究工作，并在潜力替代气体 $c-C_4F_8$ 和 $CF_3I$ 的绝缘特性研究方面得到一定成果。该课题组对 $c-C_4F_8$ 混合气体在均匀电场环境下进行了汤逊放电试验和蒙特卡洛模拟，并在较小的间隙（25 mm）下进行了非均匀电场的放电试验，初步掌握了 $c-C_4F_8$ 混合气体的放电特性。同时采用脉冲汤逊放电法测量 $N_2$、$CO_2$、$CF_4$、$c-C_4F_8$、$N_2O$ 和 $CHF_3$ 电子崩电流波形，分析了气体电子崩中可能发生的扩散、电离、附着、去附着和转化过程，并得出有效电离系数与分子数密度 $N$ 的比值和漂移速度 $V_e$。

此外，中国科学院电工所、西安交通大学和重庆大学也相继开展了 $SF_6$ 替代气体的研究工作。2012 年，中国科学院电工所对 $c-C_4F_8/N_2$ 混合气体的局部放电特性及其在典型故障时的分解产物进行了实验研究，指出在 $C_4F_8$ 气体含量在 15%～20% 的 $C_4F_8/N_2$ 混合气体绝缘性能满足电气设备使用要求；2013 年，西安交通大学通过玻尔兹曼方程计算了 $CF_3I$ 与 $CF_4$、$CO_2$、$N_2$、$O_2$ 和空气二元混合气体的电子输运参数，分析了混合气体的绝缘性能；同年，重庆大学的研究人

员对 $CF_3I$ 与 $N_2$ 和 $CO_2$ 混合气体的局部放电特性进行实验研究，指出与混合气体的气压比值为 20%～30% 的 $CF_3I/N_2$ 或 $CF_3I/CO_2$ 混合气体有可能代替 $SF_6$ 气体用于气体绝缘设备。

国际上正在加强对环保型 $SF_6$ 替代气体的应用研究和开发，以达到节能环保的目的。阿尔斯通公司在 2015 年汉诺威工业博览会上展示了世界上首台使用绿色气体 g3 替代六氟化硫（$SF_6$）设计的高压电气设备，即 420kV g3 绝缘 GIL 和 245kV SKF 型 g3 电力互感器，均已有相关产品在电网中投入试运行。所采用的氟代腈类气体 GWP 值约为 2300，沸点为 $-4.7℃$，绝缘强度约为 $SF_6$ 的 2.2 倍，初步试验证实氟代腈/$CO_2$ 的混合气体具有良好的开合母线转换电流的能力，在 420 kV 的隔离开关中可以替代 $SF_6$ 气体。

ABB 公司与 3M 公司合作，在 2015 年 8 月推出两种含有氟代酮混合气体的中高压 GIS 设备。该类物质通用分子式为 $C_nF_{2n}O$，过去十年中用于灭火，绝缘强度约为 $SF_6$ 的 1.7 倍。由于羰基 C=O 在紫外线辐射下不稳定，在大气中存在时间仅为一周，所以对环境的影响较小。其 GWP 值与 $SF_6$ 相比小于等于 1。常态下该类物质以液体形式存在，无法作为纯材料使用，仅能作为低压力下的添加剂，例如，在其饱和蒸汽压下，作为 $N_2$、$CO_2$ 或空气之间的缓冲气体。通过 145kV GIS 的绝缘耐受试验可以看出，为空气添加氟代已酮后，空气的绝缘水平达到了 $SF_6$ 的绝缘强度水平，如图 7-3 所示。同时需要指出，GIS 采用氟代已酮/空气混合气体作为绝缘介质，会受到严格的温度限制，或者要改变设备的设计。

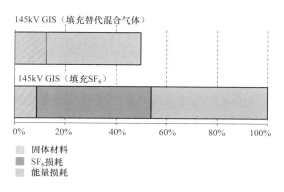

图 7-3 ABB 公司采用 $SF_6$ 替代气体生产的 145kV GIS 与传统 GIS 对比图

西安高压电器研究院的相关研究主要集中在开关柜方面，王建生等人就特高压 GIS 设备的绝缘试验技术进行过研究，并对特高压绝缘试验中的关键技术、实施措施和易存在问题的解决给出了建议，为 $SF_6$ 替代气体用于特高压

GIS 等电力设备提供了技术参考。王平等人则对 12～40.5kV C‑GIS 的设计及其使用进行过研究，对 C‑GIS 的优缺点、固体气体绝缘设计优化以及发展前景都进行了详细阐述，为使用新型环保型绝缘气体的中低压开关柜的设计提供了技术基础。

近两年来，我国的一些科研院所也在进行高品质压缩空气作为 GIL 绝缘介质的研究。用压缩空气取代传统气体绝缘输电线路（GIL）中的 $SF_6$，即压缩空气气体绝缘输电线路（compressed air insulated transmission lines，CAIL）。当压缩空气的压力提升至 1～1.5MPa 后，空气的介电强度就和一般的液、固态绝缘材料，如变压器油、电瓷、云母等的介电强度接近了。压缩空气绝缘也已在如高压断路器、高压电容器中得到广泛应用。因此，可以考虑取 1～1.5MPa 作为 CAIL 中压缩空气的运行气压，在降低成本同时有利于环保，该技术现已经进入样机试制阶段。

# 7.2　GIL 故障电弧定位技术

## 7.2.1　放电超声监测

当 GIL 发生内部放电时，会产生超声信号并以一定的速度沿着金属壳体向两边传播。声波的幅值与声能的平方根成正比，并随着传播距离的增加而减小。声波衰减是由于介质对声能的吸收和空间衰减而来。吸收是声波在气体介质的损耗，而在金属中的损耗较小。

基于超声信号的 GIL 放电检测及定位利用超声信号在传播过程的衰减特性和到达传感器的时间差监测故障位置，主要存在如下三种监测方法：

（1）基于超声信号强度的监测方法。基于接收信号强度的定位方法，是通过对比相邻传感器收到信号的强度，确定放电位置。

（2）基于超声信号时间差的监测方法。基于超声信号时间差的放电定位方法，是利用超声波到达不同的传感器之间的时间差，确定放电位置。

（3）基于电‑声时差的监测方法。GIL 发生放电时同时产生电磁波和超声波，电磁波在 GIL 中的传播速度接近光速并远大于超声波，电磁波由放电点到传感器的传播时间可以忽略，根据超声在 GIL 中传播速度的经验值，通过计算超声波信号和电磁波信号的时间差，可以计算出放电点距离传感器的距离。

## 7.2.2 放电行波定位

放电行波定位的原理如图 7 - 4 所示，在 GIL 的两端布置内置式陡波测量传感器，同步采集从放电点传播至传感器的陡波信号，根据信号之间的时间差和 GIL 总长度计算放电位置。目前这种放电定位方法已经有相关的应用案例。

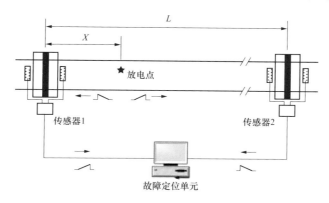

图 7 - 4 放电行波法定位原理图

L—两个传感器之间的距离；X—放电点到传感器的 1 距离

日本新名火一东海线采用薄膜电极测量放电行波，电压等级 275kV，长度达 3.25km，采用隧道安装。

西门子内部电弧故障定位系统通过测量从电弧发生处到 GIL 端部行波的时间差来进行定位，在物理长度及电脉冲已知的情况下，在 GIL 两端用不同的行波到达时间可计算出确切位置。时间的精确度为 80ns，位置的精确度为 ±25m，和 GIL 的长度无关。时间的同步可以通过系统时钟或 GPS 时间信号来实现。结果显示在控制中心。图 7 - 5 是电弧定位系统的原理图，电弧位置到两端定位单元的距离是确定的，通过电波在 GIL 内部的传播时间来计算电弧位置。两个定位单元之间 GIL 的长度是已知的，电波的传播速度，例如内部电弧也是已知的，可认为接近光速。

两端的传感器叫做电弧位置变送器（Arc Location Converter，ALC），把 GIL 内部行波转换为触发信号，触发信号触发时间计数模块的 GPS 时基同步器。过程通信单元（Process Comunication Unity，PCU）把时间计数模块的时间触发信号送到中央计算机，后者根据触发信号对电弧位置进行计算并显示在控制中心的线路中。

这些定位工作在数秒钟内完成，这样运维人员即可在较短的时间内知悉内部

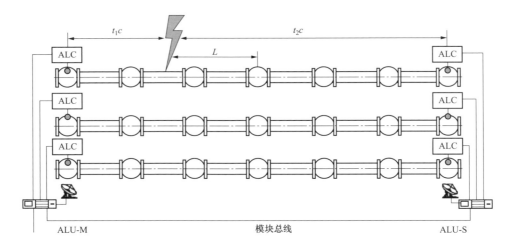

图 7-5　电弧定位系统

$t_1c$—放电点到左边 ALC 的距离（传播时间×传播速度）；$t_2c$—放电点到右边 ALC

的距离（传播时间×传播速度）；$L$—放电点到两 ALC 中间点的距离

电弧发生的位置，这些信息对维修工作的策划和执行非常重要。

# 7.3　GIL 混合输电线路过电压分析

GIL 设计的绝缘配合需要以其过电压水平为基础。电网的过电压水平主要由操作过电压和雷电过电压决定。

以往的 GIL 工程的长度都较短、电压等级低，且无特高压 GIL 的工程应用。而计划 2019 年底建成投运的淮南—南京—上海特高压交流输电工程，首次采用长距离的双回 1000kV 电压等级的 GIL 跨越长江，形成 GIL 与双回架空混合输电线路，这将会是世界范围内特高压 GIL 的首次大规模应用。图 7-6 给出了淮南—南京—上海工程网架及特高压 GIL 接入位置。

要提高绝缘可靠性，首先需要抑制系统电磁瞬态过程，降低操作过电压和雷电过电压。操作过电压和雷电过电压可以通过相应的物理模型进行仿真计算，如图 7-7 所示。

长距离的特高压双回 GIL 接入线路，将会产生以下一些特殊问题：

（1）GIL 接入架空线路中部后，需要准确计算 GIL 处的工频过电压，这是特高压 GIL 及引接站设备绝缘配合的基础。

（2）当 GIL 与混合输电系统正常开关操作，或混合输电系统发生故障时，

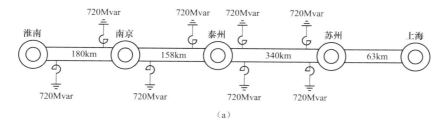

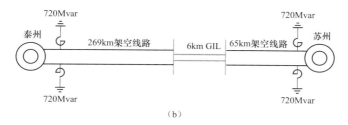

图 7-6  特高压 GIL 的接入位置

（a）淮南—南京—上海工程简化网架结构；（b）泰州—苏州段网架结构

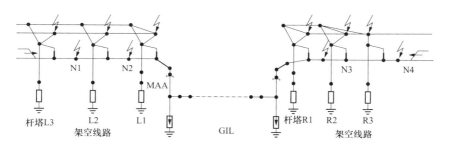

图 7-7  GIL 电磁仿真物理模型

在故障发生及清除过程中都会在 GIL 上产生幅值很高的操作过电压，这需要根据系统条件进行详细计算，并评估 GIL 是否能够耐受，或者对 GIL 的耐受水平提出要求，或者采取技术措施对操作过电压进行抑制。

（3）当 GIL 内部发生故障时，有可能在 GIL 本体产生快速瞬态过电压。因此需要对此类型的过电压幅值和频率进行准确计算，并评估 GIL 是否能够耐受，必要时采取技术手段进行抑制。

（4）特高压 GIL 通过长江两岸的引接站与架空线路连接，当引接站附近的铁塔或架空线路遭受雷击时，有可能在特高压 GIL 上感应出幅值很高的雷电过电压，这需要根据系统条件进行详细计算，必要时采取过电压抑制措施。

（5）该特高压工程为同塔双回特高压线路，GIL 段单相接地故障切除后，健全回路的架空线段对故障回路有感应电流，故障点电弧无法熄灭，需要考虑感应电流抑制措施，如图 7 - 8 所示。

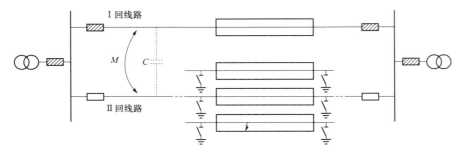

图 7 - 8　潜供电流模型

以上问题都是长距离特高压 GIL 接入架空线路中部所特有的，需要具体分析。

# 7.4　GIL 内部微粒运动特性及捕捉技术

虽然目前在 GIL 的制造过程中对环境、制造、装配等工艺实施了非常严格的质量控制，尽量减少内部产生杂质的可能性，但 GIL 作为以 SF$_6$ 气体作为绝缘介质的封闭输电线路，想完全避免产生金属微粒几乎是不可能的。由于生产、运输、组装、运行等阶段内部滑动部件之间不可避免的摩擦碰撞、设备振动以及冷热伸缩摩擦等不可控制因素的存在都会不可避免的产生金属微粒污染物，且 GIL 输电线路一般都比较长（几十至几百米不等，甚至更长），可能带入金属微粒的几率也就会更大。

金属微粒产生的局部电场畸变将严重降低 SF$_6$ 的绝缘性能。首先，金属微粒附着在导体外表面、外壳内表面等电极表面，会使得电极表面的糙度增大，进而在电极表面形成突出的细小放电尖端，有可能使稍不均匀电场间隙的放电特性演变成极不均匀电场的放电特性，这样势必降低击穿电压。其次，金属微粒在极间电场力的作用下会发生移动，或堆积在一起形成放电尖端，或排列成线缩短极间距离，最终导致 SF$_6$ 气体绝缘系统的耐受电压严重下降，在最严重的情况下，金属微粒将使 SF$_6$ 绝缘强度损失 90％。第三，更为严重的现象是金属微粒会在交变电场力的作用下跳跃或飞舞，有可能会落在绝缘子附近或附着在绝缘件表面，使得绝缘件沿面闪络电压显著下降，引起绝缘子表面闪络，降低 GIL 的绝缘水平，威胁到系统安全。

目前，设置微粒抑制措施是限制微粒附着绝缘子，提高系统绝缘强度最直接和最有效的途径。主要的微粒抑制措施有：设置驱赶电极，浇筑绝缘子时预埋电极，外壳内表面覆黏性膜、微粒陷阱、电极或绝缘子表面敷电介质膜。其中，微粒陷阱和表面覆膜措施的效果显著，也是实际 GIL 设计中采用的主要措施。

## 7.4.1 GIL 内部微粒运动特性

以美国堪萨斯州立大学斯里瓦斯塔瓦（Srivastava）教授为首的课题组采用模拟电荷法研究了自由金属微粒在电极附近时引起的电场变化及微粒所受静电力的变化，计算了线形微粒在浮起时的运动轨迹，对微粒在电极间隙的分布进行了分析，并对电极表面覆涂介质薄膜时线形微粒运动轨迹进行了长期研究。美国西屋电气公司对微粒在 GIS 中的运动进行了研究，主要侧重于微粒运动起始电压和跃起高度，并根据微粒的运动情况，设计了一种微粒陷阱，以有效的俘获自由金属微粒。

九州大学对空气介质条件下金属微粒的运动以及引发的微粒击穿特性进行了研究，并着重对不均匀电场下微粒运动进行了研究。日本山形（Yamakata）大学对尖端有电晕情况下的微粒运动行为进行了观测。

印度的辛格（Singh）教授等人分别对三相共箱式 GIS 内微粒的运动进行了计算分析，该研究分析了微粒在 GIS 外壳圆弧方向的运动情况。慕尼黑技术大学对自由金属微粒在 GIS 内引起的微放电现象进行了研究，也对微粒运动轨迹进行了计算分析。

国内研究者对微粒行为的研究多集中于金属微粒产生的微放电现象的检测。西安交通大学对 GIS 中绝缘子附近的自由金属微粒对绝缘的影响进行了研究；华中科技大学的刘绍峻报道过自由金属微粒运动的相关情况；李正瀛等人对微粒在电极附近时电场改变作了一定研究。国外研究者已开始对微粒的运动轨迹进行精确计算，而国内尚未见到在这方面的研究报道。

由于工频交流电压下周期只有 20ms，微粒一般在空中滞留的时间可达几个周期，且由于微粒在飞行过程中静电力的大小不断变化，方向数次反向，因此微粒在两次与电极碰撞之间的飞行过程中，会发生多次运动方向变化，造成交流电压下微粒运动行为复杂化。

当微粒一定且不出现电晕的情况下，静电微粒的浮起电压与所处环境的气体种类及气压无关，与施加电压的大小有关。在交流电压施加下，微粒在电极间跳跃时，跳起高度与加电压的大小有关，随着施加电压的提高，微粒跳起高度也会增大，然而微粒在大多数时间内仅在电极附近小幅度跳跃，在这种小幅度的跳跃中，作用在微粒上的库仑力受到镜像电荷的影响很大，因此必须考虑镜像电荷的作用。加拿大滑铁卢大学的阿尼斯（Anis）等人采用模拟电荷法对球形和线形微粒在靠近电极表面时受力进行了计算，得到微粒受到库仑力在距电极不同位置时的修正曲线。

（1）绝缘子附近自由金属微粒受力分析。将 GIL 内部模拟为楔形平板电极，进而对其进行受力分析，见图 7-9。图中，金属微粒受到的力有库仑力 $F_q$、电场梯度力 $F_{grad}$、重力 $G$、摩擦力 $F_{fric}$、气体黏滞力（气体阻力）$F_{visc}$ 等。

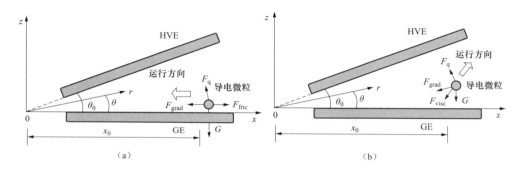

图 7-9　不均匀电场受力模型

（a）微粒在节点电极表面时；（b）微粒在间隙中悬浮时

了解了金属微粒在设备内部的受力情况，则可以计算出清除金属微粒所需要加在设备上的清除电压，使金属微粒向微粒陷阱的方向运动，以俘获设备内部的金属微粒。

（2）绝缘子附近自由金属微粒的运动方式分析的理论依据。正常运行时，GIL 内部金属微粒因静电感应出现电荷积聚，在电场作用下将形成沿腔体内表面的水平运动和朝向高压导体的跳跃运动，其运动特性与电场分布有关。

在同轴导体组成的稍不均匀电场中，金属微粒主要受到重力和电场施加的库仑力，当库仑力超过重力作用时，金属微粒将获得一定加速度，从 GIL 外壳内表面浮起，并加速向高压导体方向运动，直至与高压导体碰撞，碰撞后运动方向发生变化，表面所带电荷极性也发生变化，形成类似谐振运动的运动形式。

GIL 内部除稍不均匀电场外，在高压导体末端及其接头处、支撑绝缘子附近等区域会形成极不均匀电场。在这些区域内，金属微粒除了受到重力和电场施加的库仑力以外，还受到指向电场强度增加方向的电场梯度力作用。在该电场下金属微粒的典型运动形式如图 7-10 所示，由图可见，施加电压较低时，微粒先在电场相对较弱区域的接地电极表面滑动，到达稍强场区后微粒浮起向高电场区域振荡运动，到达强场区后微粒向垂直方向运动，直至与高压电极碰撞并最终导致间隙击穿。

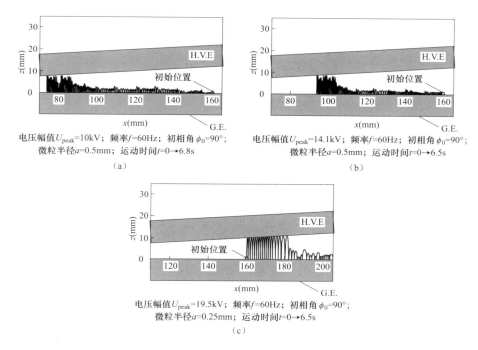

电压幅值 $U_{peak}$=10kV；频率 $f$=60Hz；初相角 $\phi_0$=90°；
微粒半径 $a$=0.5mm；运动时间 $t$=0→6.8s

（a）

电压幅值 $U_{peak}$=14.1kV；频率 $f$=60Hz；初相角 $\phi_0$=90°；
微粒半径 $a$=0.5mm；运动时间 $t$=0→6.5s

（b）

电压幅值 $U_{peak}$=19.5kV；频率 $f$=60Hz；初相角 $\phi_0$=90°；
微粒半径 $a$=0.25mm；运动时间 $t$=0→6.5s

（c）

图 7-10　极不均匀场中的金属微粒运动形式

（a）电压较低时的运动形式；（b）电压较高时的运动形式；（c）电压更高时的运动形式

H. V. E—高压电极；G. E.—接地电极

## 7.4.2　电极表面覆膜

电荷是金属微粒在电场作用下承受库仑力作用的基础，金属微粒表面电荷量是通过传导或微放电等形式获得。当采取相关措施降低电极与金属颗粒之间的电荷传导，金属微粒获得的电荷量将大大减小。介质涂层由于电阻率高，可以有效限制金属微粒与电极间的电荷传导，减少金属微粒所带电荷量，从而限制金属微粒在电场作用下的运动。另外当金属微粒浮起后，在电场作用下微粒将与电极发生碰撞，从而在电极间发生往复运动。此时，微粒与电极碰撞前后速度的变化规律即碰撞系数将直接决定颗粒碰撞前后浮起高度的差异，碰撞系数较小时将导致金属微粒碰撞数次后丧失运动特性。

金属微粒附着于电极表面或绝缘子表面时，由于电场的作用存在以下三种带电机理：①通过导体或覆膜介质传导带电；②微粒与覆膜电极间微放电；③微粒尖端电晕放电。作用于金属微粒上的电场力与微粒所带电荷的数量有关，根据微粒带电机理，可以发展针对性的措施减少微粒带电量。电极表面覆膜可以有效抑制传导方式微粒带电，从而影响微粒弹起高度、速度等参数，并能够提高局部放电的起始电压。

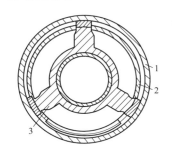

图 7-11　西屋公司微粒陷阱
1—外壳；2—微粒陷阱；
3—支撑绝缘子

### 7.4.3　微粒陷阱

金属微粒陷阱是利用凹陷结构两侧金属的屏蔽作用，使陷阱内部成为局部弱场区，当微粒运动至微粒陷阱内部时，由于金属微粒所受库仑力较小，从而使金属微粒落入陷阱内部，失去活动性能。

早在 1980 年左右，美国西屋电力公司就已经申请了专利，其设计简图见图 7-11。ABB 公司也于 2005 年在中国申请了具有微粒陷阱的高压器具专利，见图 7-12。图 7-12 中所示的微粒陷阱第一种形式为单独设置微粒陷阱，第二种形式为在外壳上直接设置微粒陷阱。2010 年上海思源高压开关有限公司申请的微粒陷阱为图 7-12 第二种形式的改进，见图 7-13。图 7-13 中中心线 6 与坡面 7 之间具有一定角度。

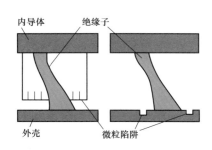

图 7-12　微粒陷阱的两种形式

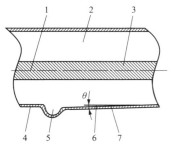

图 7-13　思源的微粒陷阱结构
1—GIS 设备中轴线；2—GIS 内腔气室；3—GIS 内导体；4—重力底面；5—金属捕捉陷阱；6—平行线（上面那条短直线）；7—坡面

微粒陷阱在 GIL 产品中已得到较多应用。常用结构主要有两种：一种是带拱起的条型微粒陷阱结构，如图 7-14 所示西门子公司 GIL 的微粒陷阱结构；一种是局部带镂空沟槽的圆筒型微粒陷阱结构，见图 7-15 中的 CGIT 公司 GIL 的微粒陷阱结构。美国西屋公司的研究结果认为两者对金属微粒的捕捉效果相同，并且选用了架高式微粒陷阱。目前特高压 GIL 采用的微粒陷阱也是这种形式。然而这种微粒陷阱有一个严重的缺陷，即已捕获的微粒在电压暂时升高时会再次逃出微粒陷阱并引起击穿。因此，对微粒陷阱的进一步研究是十分必要的。

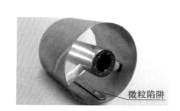

图 7-14　西门子公司 GIL 用微粒陷阱结构　　图 7-15　CGIT 公司 GIL 的微粒陷阱结构

## 7.4.4　改善电场分布

绝缘子表面的场强分布通常不均匀，当金属微粒附着在某一位置时通常会造成局部场强过大而放电，并最终导致贯通性击穿。为改善局部电场，通常可采用以下两种方法：第一种是采用表面有棱的绝缘子，棱虽然加强了局部电场，但能够有效抑制贯通性击穿；第二种是在绝缘子内部加入预埋电极。预埋电极可以有效改善绝缘子附近电场集中的情况，从而使金属微粒受到的电场梯度力方向改变，微粒的侧向运动受到抑制。

# 参 考 文 献

[1] 李鹏，李志兵，孙倩，等．特高压气体绝缘金属封闭输电线路绝缘设计［J］．电网技术，2015，39（11）：3305-3312.

[2] 王伟，冯新岩，牛林，等．利用红外成像法检测 GIS 设备 SF$_6$ 气体泄漏［J］．高压电器，2012，48（4）：84-87.

[3] 袁仕奇，代洲，陈芳．高压电气设备 SF$_6$ 气体泄漏检测方法比较［J］．南方电网技术，2013，7（2）：54-58.

[4] 马琳．变电站 GIS 浅基础沉降分析［J］．福建建筑，2008，125（11）：59-60.

[5] 韩汉贤，吴永杰．GIS 设备的密封与检漏［J］．广东输电与变电技术，2005（1）：48-52.

[6] 王波，王亚东，高威，等．220kV GIS 快速接地开关单相拒合闸故障的分析与处理［J］．电工技术，2015（10）：58-59.

[7] Hermann Koch. Gas-Insulated Transmission Lines ［M］. John Wiley & Sons, Ltd, 2012.

[8] 王亚楠，丁卫东，苟杨，等．气体绝缘金属封闭输电线路（GIL）接地问题探讨［J］．高压电器，2016（4）：98-102.

[9] 吴晓文，舒乃秋，李洪涛，等．气体绝缘输电线路温升数值计算及相关因素分析［J］．电工技术学报，2013，28（1）：65-72.

[10] 靳一林，舒乃秋，邹怡，等．气体绝缘输电线路温升特性有限元分析［J］．电工电能新技术，2015（3）：29-34.

[11] 张扬，舒乃秋，罗晓庆．基于有限元法的直埋式气体绝缘输电线路温升数值计算与分析［J］．武汉大学学报（工学版），2015，48（6）：820-825.

[12] 李庆民，王健，李伯涛，等．GIS/GIL 中金属微粒污染问题研究进展［J］．高电压技术，2016，42（3）：849-860.

[13] 王健，李庆民，李伯涛，等．直流应力下电极表面覆膜对金属微粒启举的影响机理研究［J］．电工技术学报，2015，30（5）：119-127.

[14] 齐波，张贵新，李成榕，等．气体绝缘金属封闭输电线路的研究现状及应用前景［J］．高电压技术，2015，41（5）：1466-1473.

[15] 高凯，李莉华．气体绝缘输电线路技术及其应用［J］．中国电力，2007，40（1）：84-88.

[16] 尚涛，李果．气体绝缘输电线路的特点及其应用［J］．南方电网技术，2011，05（1）：81-84.

[17] Dirk，Kunze，Volker，等．用于发电中心大规模电力输送的气体绝缘输电线路［J］．中国电力，2007，40（9）：87-90.

[18] 高凯，李莉华．气体绝缘输电线路技术及其应用［J］．中国电力，2007，40（1）：84－88.

[19] 王湘汉，汪沨，邱毓昌．气体绝缘传输线的近期发展动向［J］．高压电器，2008，44（1）：69－72.

[20] 张贵新，王蓓，王强，等．直流电压下盆式绝缘子表面电荷积聚效应的仿真［J］．高电压技术，2010，36（2）：335－339.

[21] 王蓓，张贵新，王强，等．$SF_6$ 及空气中绝缘子表面电荷的消散过程分析［J］．高电压技术，2011，37（1）：99－103.

[22] 张博雅，王强，张贵新，等．$SF_6$ 中绝缘子表面电荷积聚及其对直流 GIL 闪络特性的影响［J］．高电压技术，2015，41（5）：1481－1487.

[23] 张贵新，张博雅，王强，等．高压直流 GIL 中盆式绝缘子表面电荷积聚与消散的实验研究［J］．高电压技术，2015，41（5）：1430－1436.

[24] 贾志杰，张斌，范建斌，等．直流气体绝缘金属封闭输电线路中绝缘子的表面电荷积聚研究［J］．中国电机工程学报，2010（4）：112－117.

[25] 贾志杰，张乔根，张斌，等．直流下 $SF_6$ 中绝缘子的闪络特性［J］．高电压技术，2009，35（8）：1903－1907.

[26] 贾志杰，范建斌，李金忠，等．不同 $SF_6$ 气压下不同填料环氧树脂绝缘子的直流闪络特性［J］．电网技术，2010（8）：155－159.

[27] 李鹏，李金忠，张乔根，等．氧化铝填充环氧绝缘子 $SF_6$ 气体中直流负极性闪络特性［J］．中国电机工程学报，2014，34（36）：6523－6529.

[28] 陈梁金，刘青，赵峰，等．MOA 对 750kVGIS—GIL 系统侵入波防护效果的研究［J］．电瓷避雷器，2005（1）：35－37.

[29] 陈梁金，李文艺，施围．750kVGIL—GIS 系统雷电侵入波防护的研究［J］．高电压技术，2005，31（6）：39－41.

[30] 郭璨，张乔根，文韬，等．雷电冲击下稍不均匀电场中 $SF_6/N_2$ 混合气体的协同效应［J］．高电压技术，2015，41（1）：69－75.

[31] 郭璨，张乔根，文韬，等．雷电冲击下极不均匀电场中 $SF_6/N_2$ 混合气体的协同现象［J］．高电压技术，2016，42（2）：635－641.

[32] Goll F，Witzmann R．Lightning Protection of 500 - kV DC Gas - Insulated Lines（GIL）With Integrated Surge Arresters［J］．IEEE Transactions on Power Delivery，2015，30（3）：1602－1610.

[33] 张刘春，肖登明，张栋，等．c - $C_4F_8$/$CF_4$ 替代 $SF_6$ 可行性的 SST 实验分析［J］．电工技术学报，2008，23（6）：14－18.

[34] 李兴文，赵虎．$SF_6$ 替代气体的研究进展综述［J］．高电压技术，2016（6）：1695－1701.

[35] 汤昕，廖四军，杨鑫．$SF_6$ 混合/替代气体绝缘性能的研究进展［J］．绝缘材料，2014，47

(6)：18－22.
[36] Renaud F. 220 kV gas－insulated transmission line－PalexpoGeneva Switzerland [C]. Power Engineering Society General Meeting. IEEE，2003：2479 Vol. 4.
[37] Kobayashi S，Takinami N，Miyazaki A. Application of the world's longest gas insulated transmission line（GIL）[C]. Power Engineering Society General Meeting. IEEE，2003：19－22 vol. 1.
[38] 阮全荣，谢小平．气体绝缘金属封闭输电线路工程设计研究与实践 [M]. 中国水利水电出版社，2011.
[39] 范建斌．气体绝缘金属封闭输电线路及其应用 [J]. 中国电力，2008，41（8）：38－43.
[40] 齐波，张贵新，李成榕，等．气体绝缘金属封闭输电线路的研究现状及应用前景 [J]. 高电压技术，2015，41（5）：1466－1473.
[41] 阮全荣，谢小平．气体绝缘金属封闭输电线路工程设计研究与实践 [M]. 中国水利水电出版社，2011.
[42] 李鹏，李志兵，孙倩，等．特高压气体绝缘金属封闭输电线路（GIL）绝缘设计研究 [C] // 中国电机工程学会高电压专业委员会 2015 年学术年会．2015.
[43] 陈超．GIL 输电管道热致伸缩与机械振动特性研究 [D]. 华北电力大学（北京），2016.
[44] 李庆民，王健，李伯涛，等．GIS/GIL 中金属微粒污染问题研究进展 [J]. 高电压技术，2016，42（3）：849－860.
[45] 桑志强，康本贤，柳晓林，等．800kV GIL 工程设计 [C]. 水力发电技术国际会议. 2009.
[46] 阮全荣，李晖，刘国锋，等．高落差垂直竖井 GIL 隔室设置的研究 [J]. 高压电器，2010，46（8）：52－55.
[47] 马仲鸣，李六零，Gary，等．800kV 气体绝缘金属封闭输电线路及竖井安装 [J]. 中国电力，2008（8）：44－47.
[48] 杨新光，刘慧风，张东胜．拉西瓦水电站 800kV 气体绝缘金属封闭输电线路（GIL）在高垂直竖井内起吊及安装方法 [C]. 第十七次中国水电设备学术讨论会．2009.
[49] 阮全荣，谢小平. 气体绝缘金属封闭输电线路工程设计研究与实践 [M]. 北京：中国水利水电出版社，2011.